都市を編集する川

―広島・太田川のまちづくり―

【企画・構想】中村良夫
【著】北村眞一・岡田一天・田中尚人

口絵01≫国土交通省太田川河川事務所提供
口絵02（上）≫松浦康高氏撮影
口絵03（下）≫中村康佑氏撮影
口絵04（上）≫広島市提供
口絵05（下）≫国土交通省太田川河川事務所提供

口絵 01

都市を編集する川　――広島・太田川のまちづくり――　目次

はじめに——都市を編集する川

中村　良夫

人はなぜ都市をつくるか？

産業革命の進行過程で開花した西欧諸国家の都市計画において、公共の河岸は遊歩道や緑地に解放されました。パリやロンドンをはじめ世界大都市の近代化モデルに従い、東京では震災復興期の隅田川沿いに隅田公園が実現しました。おなじように戦災復興期の太田川でもこの考えは踏襲され、河岸緑地は、100メートル道路や、平和記念公園とならび、戦災復興計画の背骨になっています。

ところが戦前の広島市民は、太田川のほとりの座敷で食事や歓談するのを人生の至福と考えていたそうです。この事実をもとに、あるべき水辺の姿を考えていた都市計画家の石川栄耀（ひであき）先生は、緑地はもちろん歓楽的な利用もふくめ、都市の盛り場との関係で水辺を多面的に考えていたようです。「人はなぜ都市をつくるか」と根源的な問いかけをした石川先生は、「人こいしさ」こそが都市の動機と喝破しました。あるいはまた「都市は人なり」とも見抜き、盛り場の研究に没頭した愛の都市計画家・石川先生ならではの着想です。東京都建設局長へのぼりつめ戦災復興に心血注いだ実務家としては随分、大胆な発想です。石川先生は、正統にして異端の都市計画家でした。（＊）

河原という盛り場

西欧の都市には華麗な広場を中心にした市民自治の伝統があります。それに対して、日本の都市に広場はなく、市民自治も貧しいという見方もありますが、いかがなものでしょう。寺社境内や門前、町の辻などで、市（いち）がひらかれ、華やいだ芸能の興行もおこなわれました。日本の都市では、河原や水辺も盛り場になりました。いまでも京都・河原町付近でみられる夏の納涼床はその名残です。

これらの広場は、西欧都市の広場のように参事会議事堂を戴く市民自治のセンターではありませんでした。しかし昔の水辺は、死者の霊を鎮める芸能や饗宴が開かれ、しめやかな気配のなかに、艶っぽいぬくもりを秘めた風流な場所でした。時代が下ると宗教色はうすれますが、大衆の社交の場として、にぎにぎしく宴会がひらかれる料亭や茶屋があつまり、夏は花火、秋は紅葉、四季折々の風物にかこまれながら、屋台の味に舌つづみを打ち、あるいは芸能や大道芸に興じました。グルメや衣装、役者の評判、景色の趣など、市民的な生活感情が結晶し、あるいはまた美意識や価値の序列を自ら決する場所という意味で、盛り場は、風土文化を編み上げる自治センターであったと言えるでしょう。このようにさまざまな行事、祭礼、社交によって共同体の絆を結び、人生の歓びを謳いあげる場所を、古い日本語では「ニハ」と呼んでいました。それは現代語の庭よりも公共に開かれた、風土化した空間です。

都市の縁側をつくる

近代都市計画は、水辺のような公共空間に飲食などの個人的な歓楽を持ち込むことには躊躇しがちでした。理由はさまざまです。第一に公共空間の利用に関する平等性の確保、第二に民間占用による私物化の危惧、そして歓楽という大衆現象にたいする慎重な感情など、ある種のマジメさがその背景にあるのですが、そもそも、公と私を完全にわけるのは不自然です。無菌状態の場所は温か味に欠けます。家族が飲食を楽しむ水辺のレストランなどは、排他的な一面もありますが、ある程度の所有感がないところに人間の愛着はわきません。水辺を中心としたまちづくりには、この矛盾を解決する知恵が必要でしょう。カフェ、レストラン、あるいは屋台などは、だれでも一定の料金を払えばいくばくかの時間はその場所を占有できます。また祭祀の場、野外コンサートなど公共性をそなえた占用もよろしいでしょう。こうして、清々しい水辺に家族や同僚が楽しむ時間と場所をつくるのはまちずくりの大事な知恵です。昔、家族が縁側で涼を求めながら、線香花火を楽しみ、スイカをたべ、虫の音にききいったように、組みかえられた水辺を都市の縁側に見立てましょう。その時、川は市民の庭に読み替えられ、人と人の新たな出会いによって、都市は解釈し直され、山紫水明の記憶は蘇ります。こうして、水辺はただの自然から風土という物語の編集センターになるでしょう。

わたくしが基町護岸を構想した時、変化のある断面で水辺に親しむ景観を演出しながら、いっぽうで、堤防の天端の一部をひろくとりました。いつの日か、そこに構えたカフェの一隅に座って川面をぼんやりながめながら、高質の時間の流れを楽しみたいと夢見ました。あれから四〇年、太田川のあちこちでそれが現実になったのは喜ばしいことです。

鎮魂の広場

国や広島市では、慎重な社会実験をへて、全国に先駆けて水辺のまちづくりが進みました。公的な水辺のなかに私的な空間を組み込んだ知恵は、特に賞賛に値します。官民協働の水辺のコモンズへむけて、広島は突破口を開いたと言えます。日本の都市史にのこる快挙です。

そのような意味で『雁木組』の水上タクシーが現れたときは快哉を叫びました。低い視点で水に触れることは、まるで川を独占しているような親しみがわきます。いくばくかの乗船料金を支払えば、誰でもあの水の世界を独り占めできる、これが「所有感覚」です。これからの日本の都市はこの半公半私の曖昧な場所、「まちニハ」の豊かさを模索するでしょう「誰のものでもない」という冷たい公共は、砂を噛む殺伐を産みかねません。

広島の水辺デザインのハイライトは、原爆ドーム前面の水辺を鎮魂の広場に編み直すことでした。広島平和記念資料館のピロテイから原爆ドームへ向けてまっしぐらに走る祈りの丹下軸線が、戦後の平和都市・広島の背骨になりました。この祈りの造形が元安川とまじわるところは、以前から原爆忌の灯籠流しが行事化されていました。ここに、都市の魂になる水の広場をつくりたい。こうしてデザインされたのが、灯籠を配した左岸の魚見台、そして右岸には長い鎮魂のテラスです。ここで、くり広げられる原爆忌の灯籠流しは、人類の痛恨と慰霊、そして、平和を祈念する夏の風物詩になりました。戦後七〇余年、広島市民は忌まわしいあの日の阿鼻叫喚を厳粛な人類の神話に育てあげたと言えます。

水辺のコモンズ

昔、都市の水辺は無主の地であり、入り会い地でした。中世の総村は、神社を中心とした祭祀的団結を背景にかなりの自治を享受していました。村民共同で利用できる入り会い山や水辺を経営し、採草地、漁労などの共同作業をしながら、結束を育てていったのです。風景を共有する共同の労働、食事や祭祀などの行事、すなわち風景との戯れこそが「ふるさと意識」を育てていきます。おなじようなシステムを西欧ではコモンズと呼んでいます。英国には、宅地化がすすんで消滅の危機に瀕しながら守り抜いたコモンズ起源の都市公園がたくさんのこっています。

人の温もりを感じる水辺のコモンズが広島でひろがりました。『ポップラペアレンツクラブ』も、草刈り・清掃活動などで水辺の風景を維持しながら、そこで映画上映会を開催し、誰でもあの場所をつかえます。水辺にスラリと立つ一株の木が、あれほどに人と人を結びつけるとは！そしてまた、他の場所には水辺のレストランやカフェが増えてきました。市民がうみだしたこれらの風景は、水上タクシーや観光船からの楽しみを増やしました。このような市民活動の実りこそ未来都市の希望ではないでしょうか。市民の熱気でコモンズ化した水辺はたしかに都市の精気を編集したのです。水辺協議会というすぐれた組織が、協賛金による自主財源をもち、市民行事を補助しています。これはコモンズ化への大きな一歩です。コモンズ化した場所こそは、人間と自然が一元化した風土になります。

水辺の風物詩を編む

景観といえば、額におさまった「絵になる景観」をモデルにしがちでした。しかし、現在、専門家のあいだでも景観の概念は揺れています。生活する人間の身体の延長と考えられるようになった景観は食欲とも関係をもちます。フランスならば、ぶどう畑の景色は、ぶどう酒の杯をかわしながら皆で分かち合う食の快楽とつながっています。そこに立ち現れる景観は、至上の美というより生活が産み育てた風物への愛着を呼び起こします。広島の風物詩といえば、夏の灯籠流しを筆頭に、広島菜漬け、そして海の幸です。メバル、小イワシ、オニオコゼ、アサリ、クロダイ、カキ、アナゴなど、「広島湾七大海の幸」には太田川のシジミも加えましょう。風物詩という生活の詩篇を手にした水辺計画は、風土という生活史の領域に立ち入ります。

四季おりおり、川風に吹かれながら、安芸の広島を取りまく山海の珍味を皆で愛で、人の絆を確かめ合う……。郷土の恵みを、川辺の「ニハ」というコモンズ的空間にあつめて、人々の交歓の灯火をかかげてください。そこにあたらしい風物詩が育ちます。災害にも強く、経済の活力をうみ、人の絆をうむ、景色もすぐれた入り会い型の空間が、未来のまちづくりをリードします。市民が共同で運用する水のコモンズは長い物語を綴ってきました。川にたまった砂泥を浚渫する作業を行事化して砂持加勢と呼ぶ広島では　川砂を掘り出し運搬するため、飾り立てた山車を引いて町内を練り歩き、祭礼化したそうです。市民自治的なこの行事は、コモンズにふさわしい風物詩でした。

顧みますに、東工大社会工学の設計・研究チームが広島いりした昭和五一年四月といえば、山陽新幹線が博多まで全通したばかり、河川法には環境の言葉は見当たりませんでした。それから、四三年の歳月を経たいま、広島市が高く掲げた『水都ひろしま』の旗印は、大阪、東京、北九州など全国の都市に希望をあたえました。そしていま、日本を始め世界の人びとが目指すのは、元気な個人、社会の絆、そして健康な自然、この三者の総合化です。それは精気溢れる風土の実現に他なりません。

「水の都ひろしま」は砂持加勢いらいの長編物語です。「山紫水明」のことばを残した頼山陽を産み育てた広島。その河川史を遡れば、雁木に刻まれた戦前の広島市民と太田川の絆はもとより、戦火の傷の癒えぬ戦後に構想された沿川緑地、そして戦前から戦後にかけ、永い展望をもって実現された太田川放水路事業、戦災復興事業、太田川高潮対策事業、水の都整備構想、水の都ひろしま、等々、これらのどれを欠いても現代の水の都はありません。

おもえば、日本の都市は人間と自然が相愛と相克のなかで紡いだ風土の結晶です。それは荒御霊（あらみたま）と和御霊（にぎみたま）という二面性をもつ日本の神のお姿にほかなりません。高潮を想定した基町親水護岸もこの反映です。いま、悠久の流れと新たな契りを結んだ都市・広島の山水譜は、人類平和への道を黙示しています。

山に倚り水に臨みて梅の花　　子規――広島の饒津（にぎつ）神社にて――。

＊参考文献　中島、西成、初田、佐野、津々見、「都市計画家・石川栄耀――都市探求の軌跡」鹿島出版会、２００９年3月

結びなおされた人と川の縁（えにし）
上：旧基町護岸の残影　　下：新生基町護岸

都市を編集する川

——広島・太田川のまちづくり——

第1章　山紫水明の記憶〈近世末期～一九七六年〉

北村眞一

（1）山紫水明のふるさと

①三角州の形成

太田川は中国山地の冠山（１３３９ｍ）を源流として、断層に沿って流れる支流を集めて一挙に瀬戸内海へ流入し、河口の三角州を発達させた。上流部の三段峡は岩と美しい滝の山水画を思わせる渓谷で特別名勝に指定されている。中流部の丘陵部は風化の進んだ花崗岩の砂（真砂土）からなり、大雨の時は崩れやすいが、広島近郊の住宅地として開発が進んだ。下流の可部あたりから河床勾配が１／４００から１／１０００程度に緩やかになる。大芝あたりから河口までの三角州は、河床勾配が１／２０００程度で*感潮区間になり、支持基盤となる基底の礫層までの堆積土砂の沖積層の厚みは10ｍから30ｍである。太田川の分派が始まる大芝あたりで、地上地盤の高さは平均潮位から５ｍ程度で、平和大通り付近で２ｍぐらいである。広島城の築城当時（一五九〇）は平和大通りあたりが海岸線であったと推定される。その後、江戸、明治期と沖への埋め立てが続行され、現在の海岸線に至っている。

つまり太田川の三角州は海と山の出会う入り江に発達した。広い平野部の川と違い、水面と山稜の両方が望めるのである。三角州に都市が発達したので、山と水面と都市が一体になった風景が生まれた。

広島で生まれ育った頼山陽（らいさんよう）は32歳で京都へ移り住むことになる。

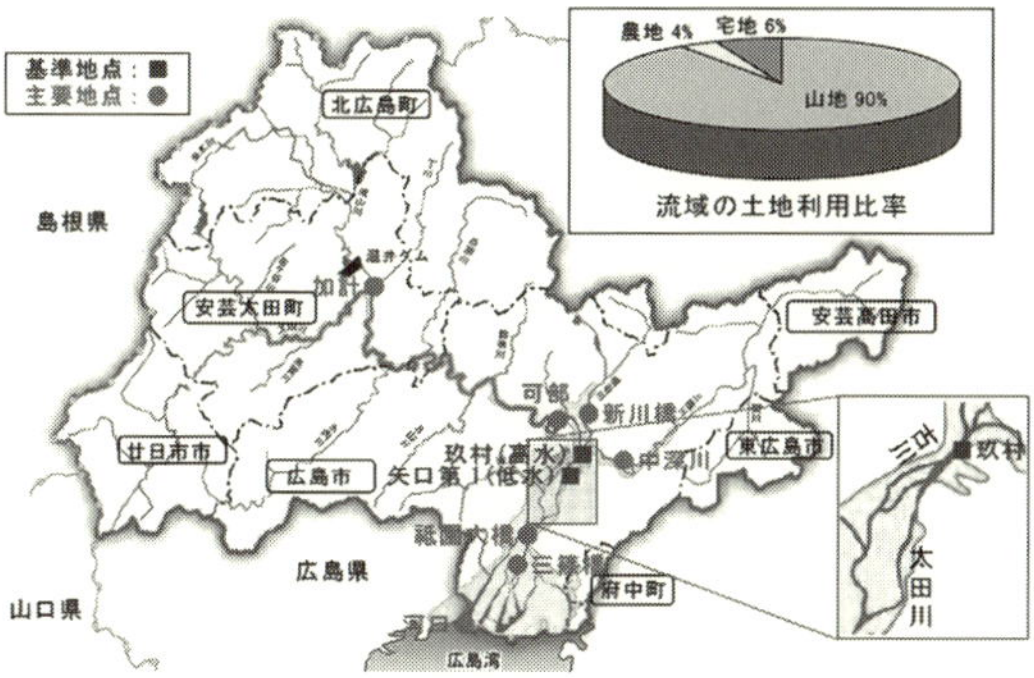

太田川水系流域図
（太田川水系河川整備計画（国管理区間））

*感潮区間
川の流れが海面の潮汐の影響を受ける区間（川の流れの向きが変わる、塩分が含まれる）

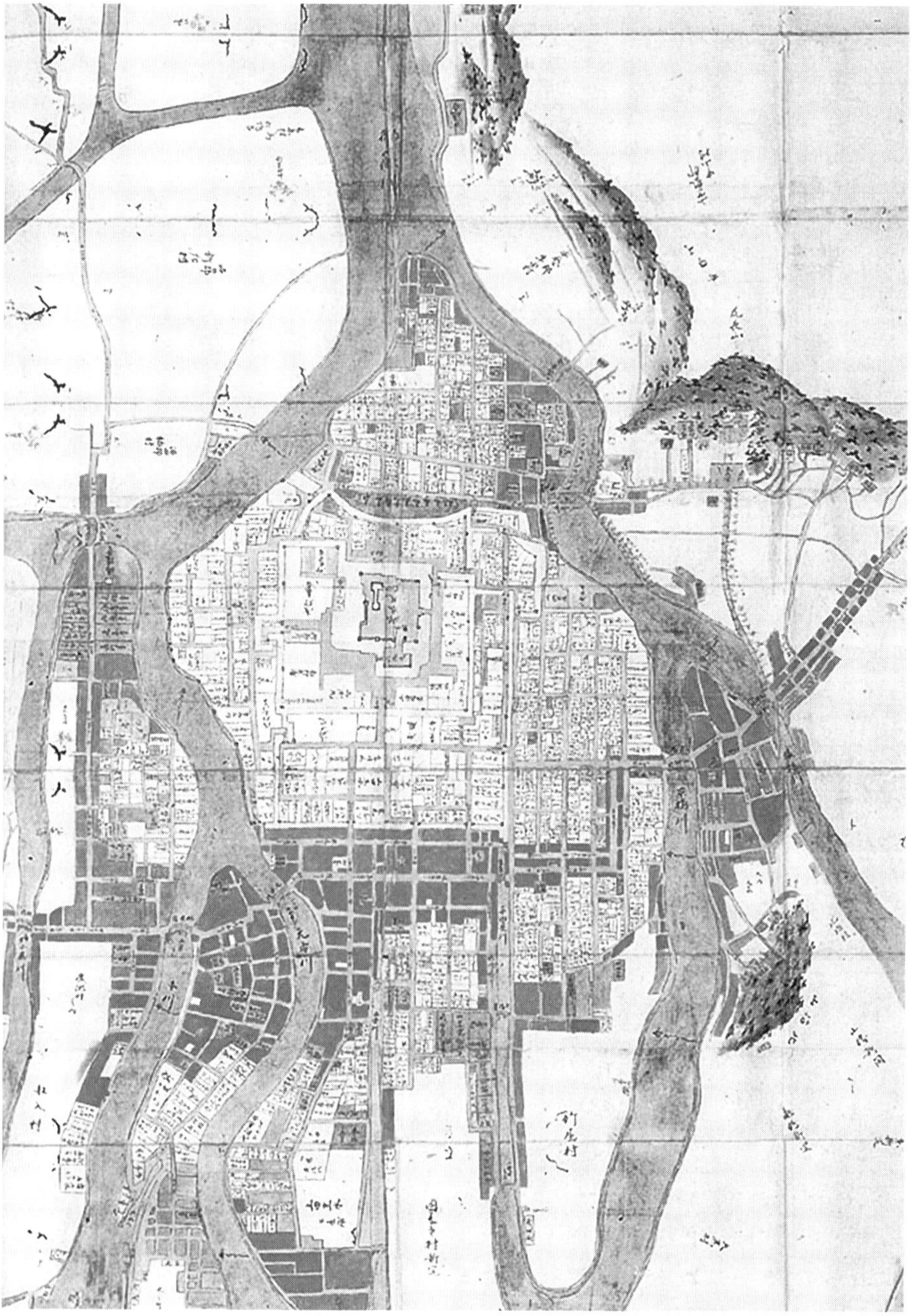

芸州広島之図（山口県文書館蔵）

市内の何度かの転居をへて鴨川の右岸に「水西荘」という住宅を設けて、そこに書斎兼茶室を建て「山紫水明処」と名付けて、鴨川越しの東山の風景を楽しんだ。広島は「山紫水明」の原型の地であるといえよう。

②広島築城と城下町

毛利輝元（もうりてるもと）は、中国地方を支配する戦国大名の地位を築き、豊臣政権下で一一二万石の大名となり、天正一八年（一五九〇）に広島の三角州に築城した。町割りは、京都や大阪に範をとり、東西と南北の碁盤目状に割り、街路と敷地を配した。城郭は現在の本川（正式名称、旧太田川）と京橋川に囲まれた位置で、本川から水を取り入れ、三重の堀を四周に巡らせ、その外側に南北に流れる堀川（西堂川、平田屋川等）を設け、武家町と町人地を配置した。

毛利氏は、関ヶ原の戦いで豊臣方の西軍についたが東軍に敗れ、周防・長門へ移転させられ、広島には慶長六年（一六〇一）福島正則（ふくしままさのり）が入封した。福島は、領国の検地や支城を配置するなど統治を固め、広島の城下町を整備した。城下町は城を中心に武家町が囲み、東西に瀬戸内海を結ぶ西国街道の沿道を職人・商人の町人地に、またその南側や本川右岸に町人地や寺社地を配置した。

福島氏が二〇年の支配ののち失脚し、後を継いだ浅野長晟（あさのながあきら）から浅野家が二五〇年間を支配し、広島は市街地の整備が継承された。

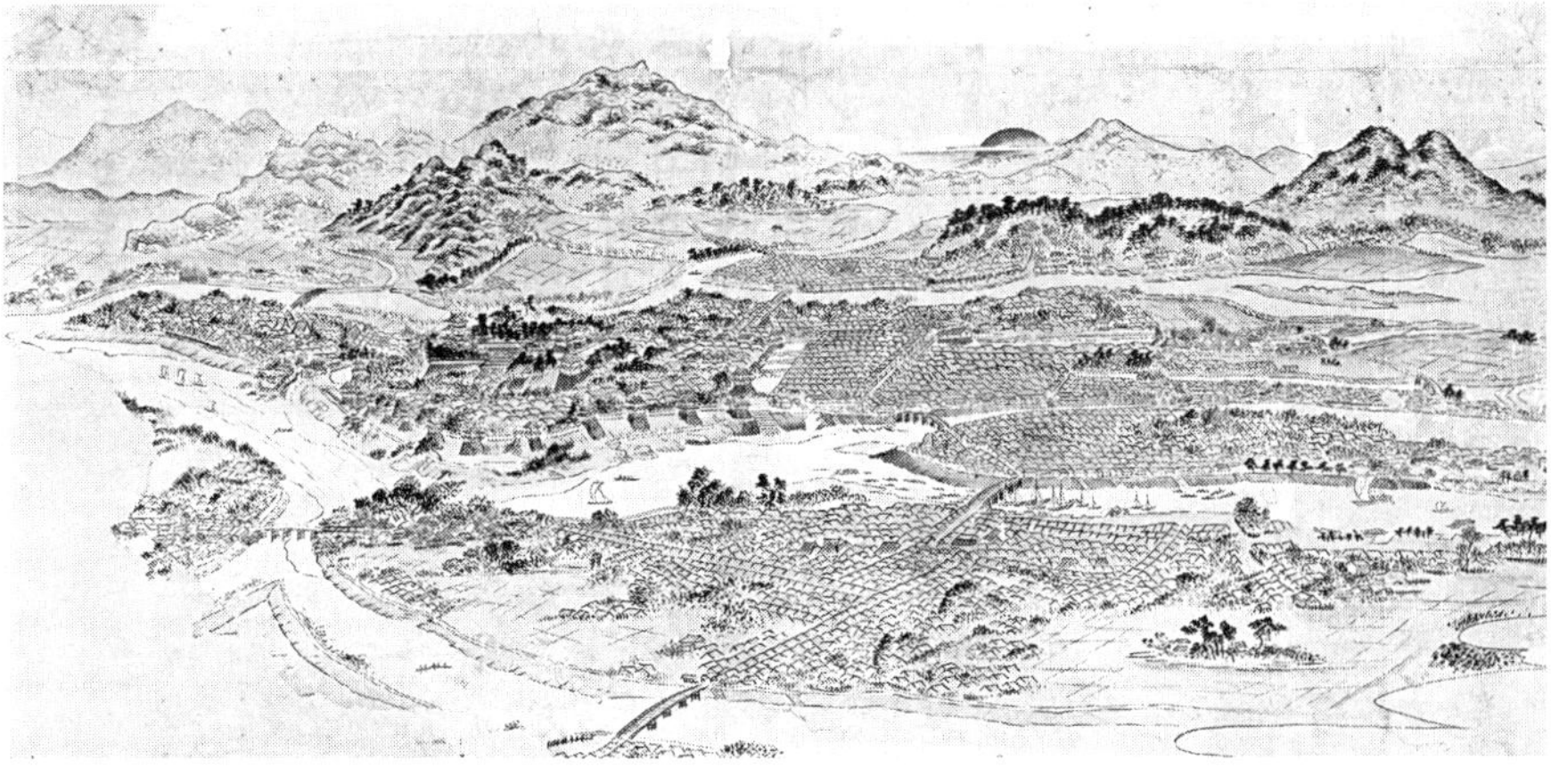

広島全景図（広島城蔵）

市街地は、海の埋め立てによってさらに拡大し、新開組として城下に取り込まれた。

武家町は、広く城を囲んで掘が三重に巡らされ、それを囲むように市街地に広がっていた。太田川本川左岸まで武家地が広がり、河川堤防に合わせて土塀と櫓が造られていた。町人地は船運の要所の西堂川の船着場周辺、元安川と本川に挟まれた周辺、平田屋川沿川、本川右岸、西国街道沿道など船運と街道の交通の要衝に発達した。寺社は、本川右岸の横川あたりの出雲石見への街道、また西国街道の東西の都市の入り口に配置して、防備の機能を持たせていた。

③治水と水防

太田川の三角州に形成された広島市街地は太田川の恵みを受ける一方で常に洪水の脅威にさらされていた。江戸時代には記録によると大規模な洪水は30回を数えている。そのため毛利、福島、浅野時代には治水対策は大きな課題であり、堤防や河道の整備、*水制（すいせい）の設置、砂堀りなどの治水対策が行われてきた。上流でのたたら製鉄のために土の中から砂鉄を取り出す「鉄穴流し」（かんなながし）は土砂流出の影響が大きいため、ある時期から禁止されてきた。また水防の出動の目安とするための*量水標の設置や堤防を守るためのお触れ書も幾度か出されている。「水越の策」と言われる治水策は、城郭側など重要な地域を囲む堤防を対岸のそれよりも高くし、洪水を対岸側に溢れさせる方策である。承応二年（一六五三）の大洪水後の堤防修復では、城側の堤防を9寸（0・27ｍ）から8尺（2・4ｍ）高くしたという記録がある。

水制の設置も城郭と市街地の守りが大きな狙いであり、広島藩では一本木鼻（白

*水制
水流の勢いを弱めて河岸を守るため河岸に設置される構造物、水制工ともいう。

*量水標
川の水位を測るために河岸近くに立てられた支柱

島北端の本川と京橋川の分流地点）から三番櫓（相生橋付近）までの間の本川左岸に設けられた。基町護岸の整備に際し復元された水制はこの一部ということになる。水制が設置された一本木鼻は流れを分ける治水上の要衝であり、そこに名前を付けて普段から意識されるようにしていたと考えられる。他にも分派部のいくつかには名前が付けられていた。臺屋の鼻（京橋川と猿猴川の分派部）、慈仙寺鼻（本川と元安川の分派部）の地名が残っている。

④水利と文化

江戸時代には海運が発達し、日本海側の北前船や九州方面から大坂や江戸への船が瀬戸内海を行き交っていた。広島の本川の当時の河口近くの水主町（かこまち）（現在の加古町）には、広島藩の舟入が設けられ、海運の港として機能していた。

平地が少なく、陸上交通が発達しにくい状況にあった太田川流域では、大量輸送機関として太田川を利用した船運が発達した。広大な山林資源を有する上流域から材木を運搬する筏流しも行われた。デルタに今も多く残る*雁木は、往時の盛んだった船運を物語っている。船運の発達により、可部、河戸、深川、加計など流域の各地に川湊が発展した。

江戸時代の治水対策（太田川水系河川整備計画（国管理区間））

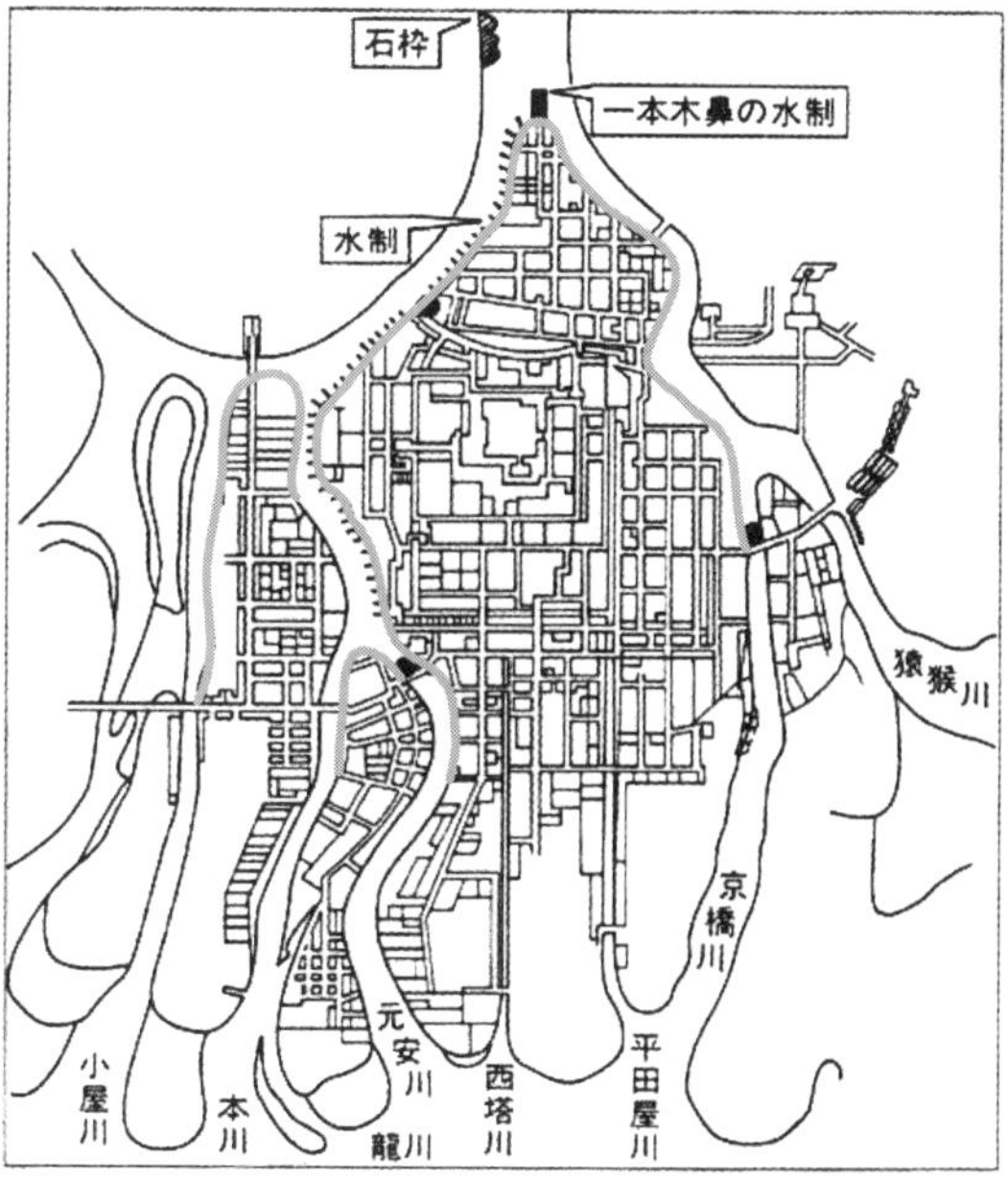

：城の周りの堤防を高くした範囲　●：量水標設置箇所

*雁木（がんぎ）
船着場に設けられた、水上輸送された物資を荷揚げするための階段のある桟橋
京橋川の雁木群は、（社）土木学会の平成十九年度選奨土木遺産を受賞している。

広島市内でも「楠木の大雁木」（本川の楠木町に現存）や中島（現平和記念公園付近）など多くの河岸（かし）が発達した。

江戸時代は産業振興で新田開発が推進され、治水と灌漑、干拓などの事業がすすめられた。灌漑事業は、定用水（八木用水）が、八木から取水し、沿川の田畑を潤して打越までの約16kmの農業用水として開削された。また干拓事業は、広島でも太田川の三角州の干拓が行われ、海側へと土地が広げられた。カキの養殖は、元禄・享保（一六八八—一七三六）のころに広島湾周辺の干潟にカキの養殖場が設置されたのが始まりと推定されている。またノリの養殖も同じような時期から始められたようである。

太田川の三角州は上流からの砂が堆積するので、定期的に川砂を除去する「川ざらえ」が行われていた。これは「砂持加勢（すなもちかせい）」と呼ばれ、川底の砂をさらって運ぶ人たちを応援する市民の行事である。幕末の頃に江戸の日本橋川や京都や大阪で行われていたが、広島でも行われていた。幕末には広島の城下の五十余町の街ごとに山車を引き、練り歩く、それを囃し立てるお祭り騒ぎになっていたそうである。

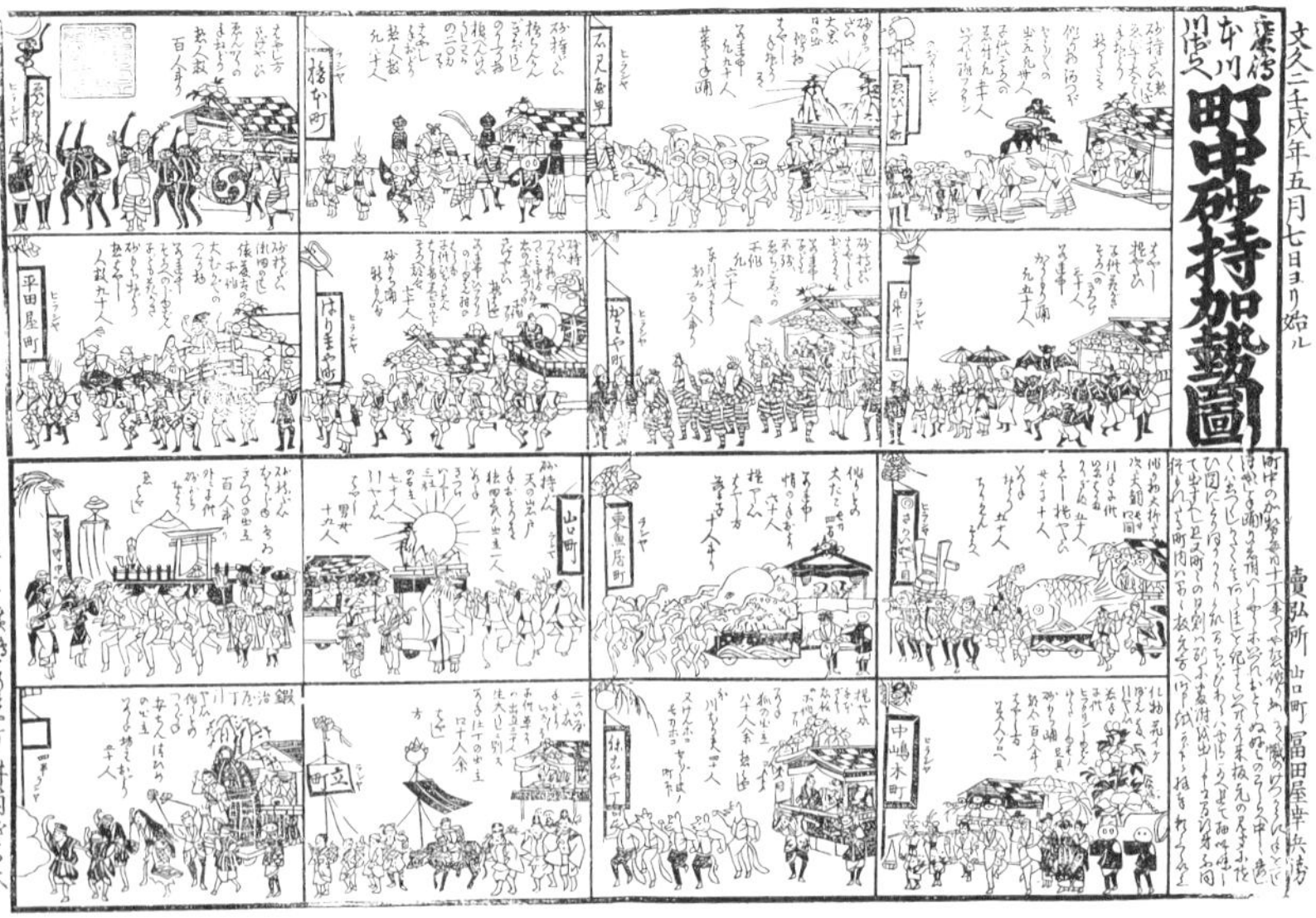

広島本川川ざらえ町中砂持加勢図（広島市立中央図書館蔵）

縮景園は、浅野氏の別邸で泉水屋敷が正式名称で現存している。敷地は約４万㎡で京橋川から水を取り入れて、中央に池を配し島を浮かべ、周囲に山・滝・橋・茶室などを結ぶ園路を設けた池泉回遊式庭園である。縮景園は浅野長晟が元和六年（一六二〇）に家老で茶人の上田宗箇（うえだそうこ）に命じて整備され、五代目の浅野吉長の時代に拡充され、山・池・橋・島などに雅号をつけて、「縮景園記」が作られ、七代重晟の時代には京都の庭師清水七郎右衛門によりさらに拡充された。その後、邸内の建物や名勝の雅号をつける、「縮景園の和歌」など和歌を詠む、「縮景園八勝図」のような名所絵を描くなど、縮景園の文化が栄えた。ほかに広島には数か所の庭園があったが、いずれも今では消滅している。

(2) 戦前の広島と太田川

①明治からの近代化

慶応三年（一八六七）徳川慶喜（とくがわよしのぶ）が大政奉還し、新政府は明治四年（一八七一）廃藩置県を実施、浅野家広島藩は消滅し、広島県が設置され、明治一一年（一八七八）広島県庁が仮庁舎から水主町に新築移転した。新政により都市計画も変わり、武家町と町人地の区別が消滅して、市街地が均一化していった。

明治一三年（一八八〇）に千田貞暁（せんださだあき）が広島県令に赴任し、道路の整備と皆実沖の埋め立てにより宇品築港が計画され、その後完成した。明治二七年（一八九四）には山陽鉄道の広島駅が開通し、さらに軍用鉄道が宇品港まで延伸された。

広島市の近代化は急速に進み、上水道は明治三一年（一八九八）に、下水道は大

楠木の大雁木

広島景勝：縮景園

正五年（一九一六）に完成している。広島市でも交通の発達により、明治末期から大正の初期までに、広島駅と西広島（己斐）駅と横川駅と宇品港とを都心を通して結ぶ路面電車網が建設された。そのために外堀、西堂川、平田屋川が埋め立てられ、路面電車の通る道路となり、太田川派川には多くの橋梁が建設された。

一方明治四年（一八七一）に広島城内に鎮台が置かれ、練兵場をはじめ軍施設が建設された。朝鮮動乱が明治二七年（一八九四）に起こると広島は派兵基地となり宇品港から軍が朝鮮へ出発した。また明治三八年（一九〇五）には日露戦争が勃発し、軍関係施設がさらに増設され、しだいに広島は軍都の様相を呈することとなった。

明治四三年（一九一〇）には本川の白島の堤防（長寿園の土手）には、長寿園を造った村上長次郎氏により桜並木が造られ、その後広島一の桜の名所となった。対岸の大芝にも桜が植えられ、両岸を往来する川船も繁盛し、人々は中の島ではシジミを取り、セリを摘んだそうである。そのほかの河岸の大半は民間の建物が占有しており、橋の上しか川面を眺めることはできなかったが、川船の往来は多く、河原でシジミ取りなどが行われていた。寺町の本願寺別院付近の川に面して「*香蘭」という一流の料亭もあった。また、河口ではカキとノリの養殖が盛んであったし、中流ではアユ漁が盛んであった。市内の本川にはカキ料理を食べさせるカキ船が係留されており、夏には太田川は水泳場になり、潮干狩りも行われていた。

大正八年（一九一九）に都市計画法が施行され、広島市でも用途地域と道路等の都市施設が計画され、都市計画決定による街路・橋梁・公園が建設され、翠町の土地区画整理事業が行われた。

昭和八年（一九三三）宇品港を軍港から商港へするための計画、さらに千田町、

*香蘭
昭和戦前にあった北京料理の料亭

吉島町、江波町、観音新町、庚午町、草津町の沖合の干潟を埋め立て、臨海工業地帯にする計画が進められた。吉島町は陸軍航空本部飛行場、江波町は三菱重工業広島造船所、観音新町は三菱重工業広島機械製作所に転用された。これで市民と海の干潟の関係は絶たれてしまった。

(3) 原爆から戦後

①原爆投下と終戦後

戦争の時代が、昭和六年（一九三一）の満州事変から始まり、日中戦争、太平洋戦争（第二次世界大戦）へと継続し、昭和二〇年（一九四五）に終戦を迎えるまでの一五年間続いた。広島市は、軍都として発展したが、昭和二〇年（一九四五）八月六日八時一五分原爆投下され、相生橋東の「島病院」の上空６００ｍで核分裂爆発、約一六万人が死亡、五六万人が被ばくし、都市全体に壊滅的な被害を受け、放射能の影響が七〇年を経た現在も残っている。終戦を迎え、広島市は復興にとりかかる。復興都市計画では、都市計画街路、大小の公園、土地区画整理事業などの中に、幅１００ｍの平和大通り、中央公園、中島公園（平和記念公園）に加えて河岸緑地があった。当初の河岸緑地計画図を見ると、都心部の天満川から京橋川へ至る河岸に連

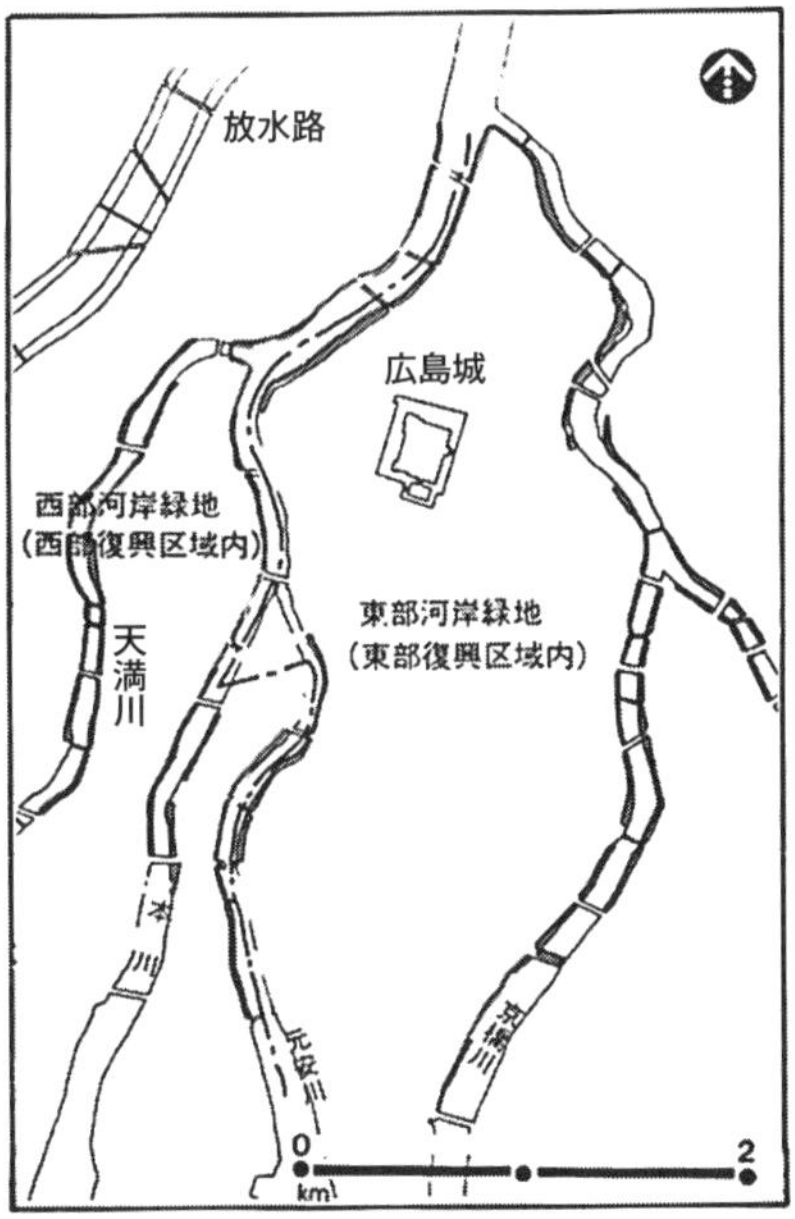

河岸緑地計画図（広島被爆四〇年史）

続して緑地を設ける計画であった。これは戦災復興院の基本方針の「河川等空地の保存」から触発されて、独自の河岸緑地の思想をつくりあげたものであった。当時の広島市の助役銀山匡介（かなやまきょうすけ）によると「戦災前は河岸はほとんど民家、料理屋とかが張り付いており、市民は橋の上に行って初めて川がみられるという状況でございましたが、ここに河岸緑地を計画しました。」*とある。しかしこの実現は容易ではなかった。戦災復興計画では全国各地で財源が不足したが、広島市でも同様であった。そのため復興都市計画の中から河岸緑地計画は消えてしまった。そこで、当時の市政は「広島平和記念都市建設法」の制定を着想し、市長一行でGHQや国会へ訴え、法律案は昭和二四年（一九四九）国会を通過し、住民投票により成立した。国からの特別な財源を得ることができ、広島市の河岸緑地計画が復活したのであった。

水辺は民家や料理屋が占有し、生活や産業の場であるとともに社交の場でもあったのが、日本の都市の伝統であり特徴であった。河岸緑地計画はコモンズとしての水辺の使い方に新しい考え方を吹き込むものであった。

土地区画整理事業が進み、難航した一〇〇m道路の平和大通りも市民による*供木運動などが進み、広島駅前の河

都市計画公園配置図（1946）戦災復興計画（広島被爆四〇年史）

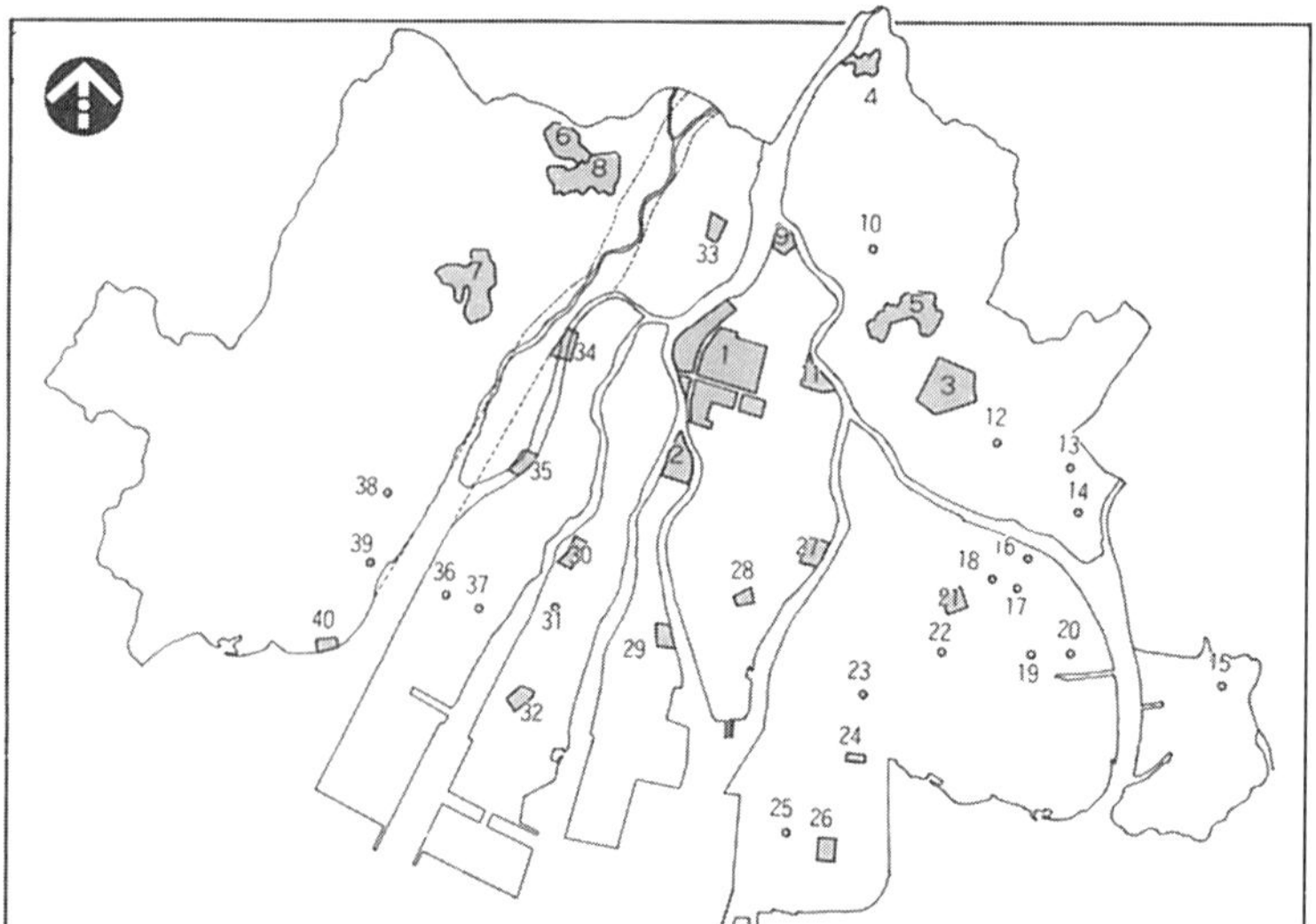

*広島被爆四〇年史

*供木運動
昭和三二年（一九五七）から2年間、広島県内に樹木の提供を呼びかけた運動

岸緑地に立地していた不法住宅の撤去と基町地区の再開発を残すこととなった。

昭和二四年（一九四九）には広島平和記念公園設計競技が行われ、丹下健三案が採択された。翌年の昭和二五年（一九五〇）には丹下健三の平和記念公園プロジェクトが発表された。そこでは、中島の平和記念公園から原爆ドーム、その北側区画の基町護岸と基町地区から広島城までの旧軍用地が、一大公園として構想されていた。中島地区には平和記念施設、基町地区には文化、児童、運動施設が計画されていた。昭和二一年（一九四六）の緑地計画での中央公園の敷地は広大であったが、昭和二七年（一九五二）には基町地区の一部が市街化されて削られ、さらに昭和三一年（一九五六）には、戦災者応急住宅建設計画により、基町団地の地区が大きく削られたが、それ以外は現状で公園として残されている。昭和三〇年（一九五五）には平和記念公園が完成し、昭和三二年（一九五七）には広島市民球場が基町地区に建設された。周辺の都心部には、広島県庁、バスセンターも建設されていた。このあたり一帯で都市再開発が可能となり、新しい中央公園や業務用地など市民センターによみがえらせることができたのは、広島城周辺にあった広大な旧軍用地が土地資源として活用されたこ

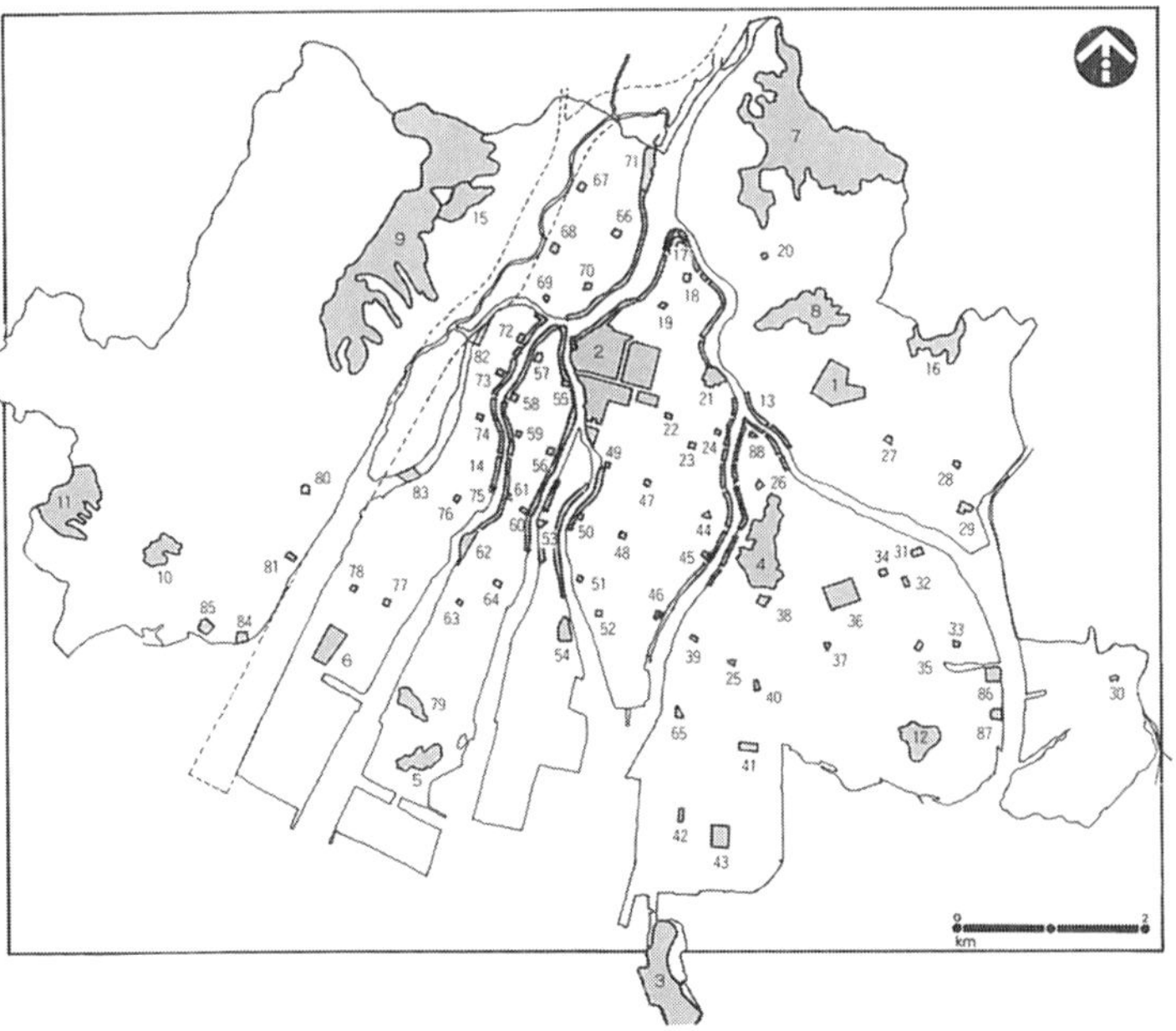

公園緑地計画図（1952年）（広島被爆四〇年史）
（広島平和記念都市計画で一旦消えた河岸緑地が復活した）

とが理由として挙げられる。

昭和四二年（一九六七）広島市は明治一〇〇年公園事業として中央公園の整備を本格化させた。

当時の計画図では、太田川本川と中央公園には図面上には境界がなく、河川水面は公園と一体的に利用するよう河岸にボートセンターが計画されている。

その後、広島中央公園の計画がまとめられた。当時の建設省の管理する太田川本川と広島市が管理する中央公園が分離されつつ、園路によってつながりを持っていた。

昭和五三年（一九七八）基町地区再開発事業での住宅建設は完成式が行われ、太田川本川の河岸の不法占有住宅が完全移転され、中央公園計画に着手された。広島市の中央公園は昭和五八年（一九八三）に完成している。

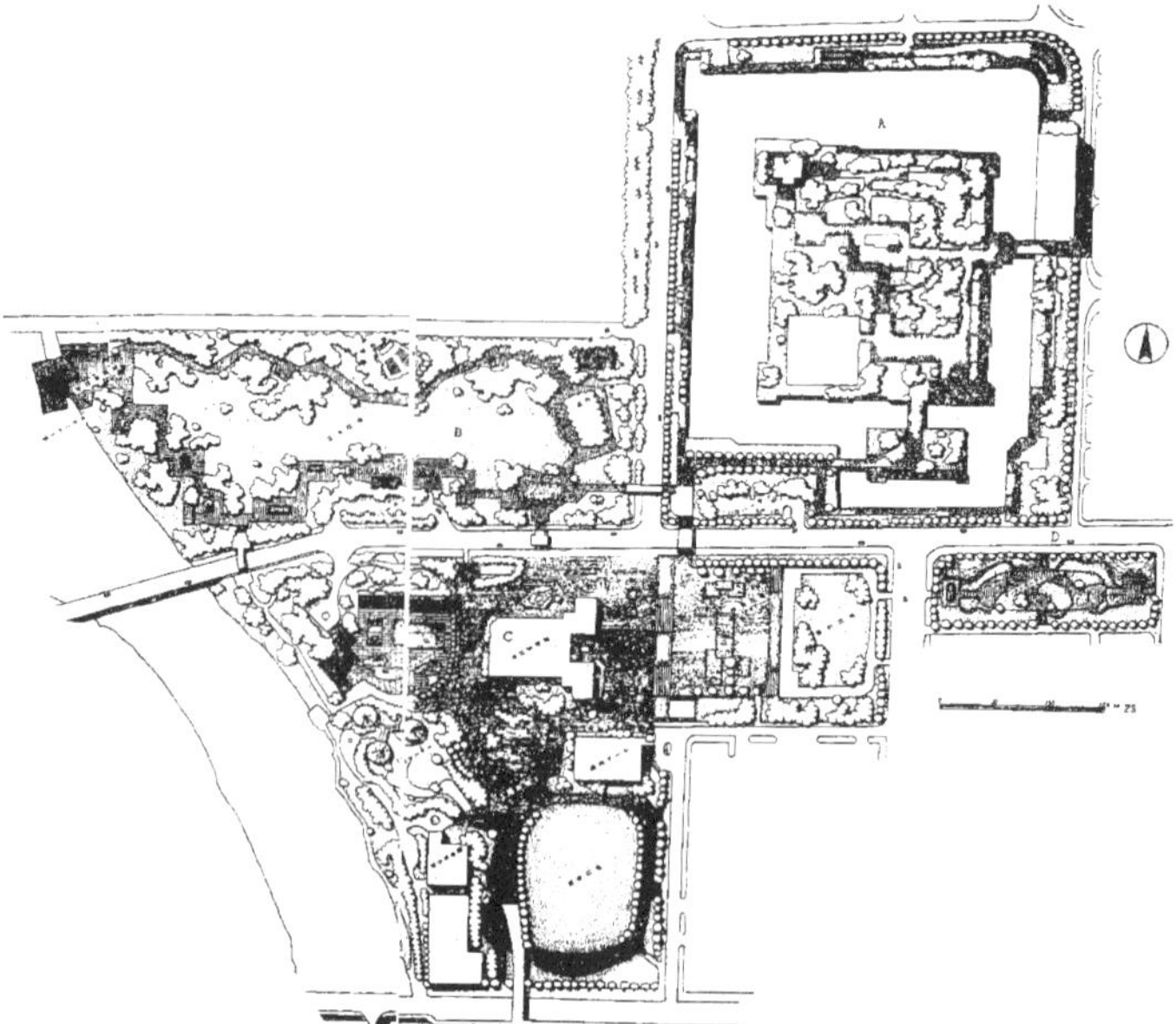

広島中央公園計画（公園緑地29巻2号）

第２章　水辺都市広島の自画像——設計思想を探る
〈一九七六年～一九八三年〉

北村　眞一

（1）太田川整備の課題

①新河川法制定（一九六四）と太田川の特徴

河川法は、明治二九年（一八九六）に初めて制定され、河川は地方自治体が管理して洪水対策を講ずることとされた。しかし、全国的にたびたびの水害がおき、水力発電のためのダム建設や河川を総合的に開発する「*河水統制事業」も計画され、昭和三九年（一九六四）に新しい河川法が制定された。この法律では、洪水対策に加え、第二次世界大戦後の高度成長で人口の増加や工業開発などでの水不足のため、水資源開発を行うことと、重要な河川は国が直轄して管理を行うことが定められた。その後「河川管理施設等構造令」、「建設省河川砂防技術基準（案）」が昭和五一年（一九七六）にまとめられ、河川管理の基準化・合理化がはかられてきた。

また昭和三三年（一九五八）の狩野川台風による山の手水害は、流域の上中流部の宅地開発による管渠の整備や路面・宅地の舗装によって、降った雨が一挙に河川へ流出し、支流の流れが集中して流下し、下流でのピーク流量の増大化による洪水、いわゆる「都市型水害」であった。また昭和三四年（一九五九）の伊勢湾台風の時は、河川の洪水と海水の満潮の重なりによる「高潮被害」が河口部で発生した。これらの水害への対策の必要性が、総合治水と呼ばれる流域の市街化の管理や高潮堤防の建設などの施策となった。

*河水統制事業
治水と利水を効率的に行う事業で、ダムをはじめ遊水池や堰などを設ける

河川法は、その後、水質の悪化、コンクリート護岸などによる景観や生態系の破壊および住民と管理者との意見の乖離などの問題から、平成九年（一九九七）に改正され、河川の管理に治水、利水に、環境保全対策と地域意見の反映が加えられた。

昭和三年（一九二八）太田川で大洪水が起こり、昭和六年（一九三一）に太田川放水路計画が決定され用地買収が進み一部着工した。その後、昭和一九年（一九四四）に戦争で工事は中止になったが、昭和二三年（一九四八）再度計画を改定し、昭和三四年（一九五九）には漁業補償が解決し、昭和四〇年（一九六五）工事は概成、これで三角州の広島市街地の洪水はひとまず治めることができた。昭和四三年（一九六八）には完成し、洪水対策が発揮された。しかし、その後の伊勢湾台風並みの高潮が襲った場合は、潮位が*T．P．４・４mに達することが予測され、広島市街地の面積の70％以上はそれより低い土地であるので、高潮が堤防を越流すると甚大な被害が予測された。そこで昭和四四年（一九六九）に高潮対策事業として堤防が嵩上げされることになった。

②広島市と広島県と建設省（現在の国土交通省）

広島市では、戦災復興時より「平和記念都市」を掲げて何とか復興予算を確保して、都市整備を進めてきた。その象徴となるものが、原爆の記念の平和公園であり、１００m幅の平和大通りであり、水の都を支える市内派川と河岸緑地であった。そしてそれを最も象徴する行事が、毎年八月六日の原爆投下の日の夜に、元安川の原爆ドーム前で行われるとうろう流しである。この川と都市の緑との親密な関係を高潮堤防事業は破壊しかねない。そこで、当時の太田川工事事務所の所長の山本高義

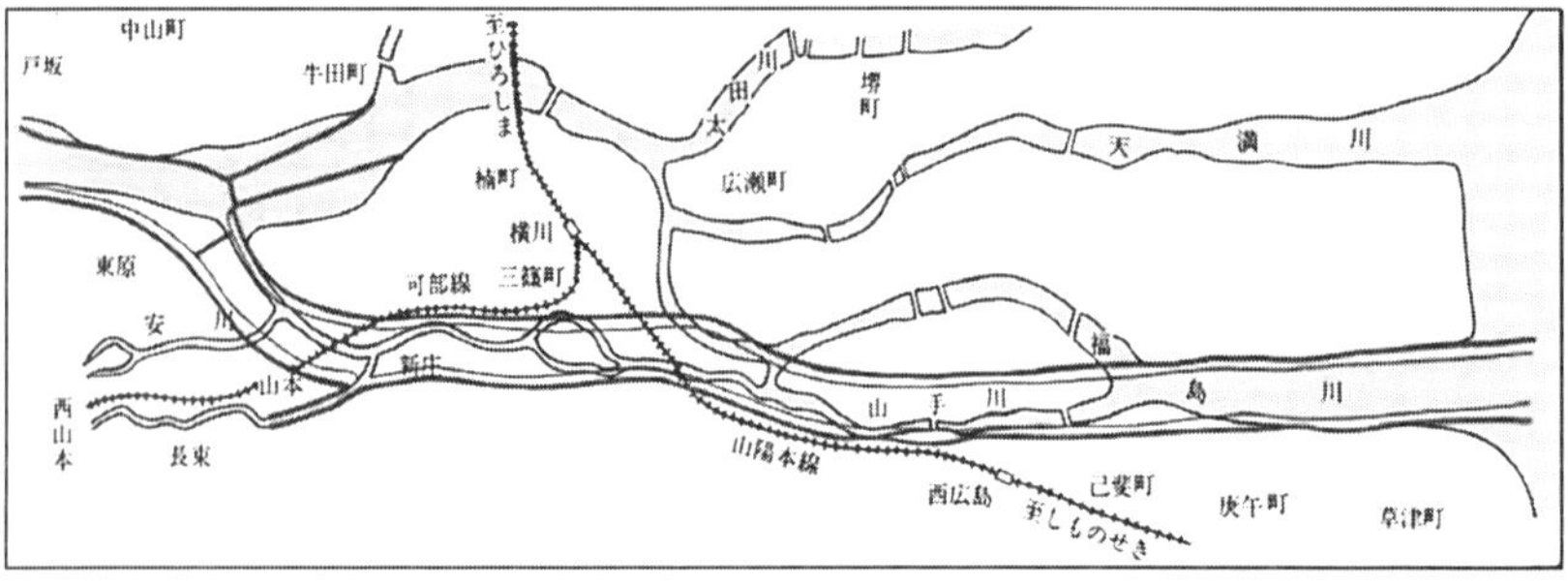

太田川放水路計画図（太田川水系河川整備計画（国管理区間））

氏は「高潮堤防は市民を高潮から守るだけでなく、新しい広島の景観を造り出すと共に、広島市民が水と親しむことができる都市施設の一つとして考えてゆかねばならないと思っている。」といった*認識を語っている。さらに「このため太田川工事事務所（現在の太田川河川事務所）、中国地方建設局（現在の中国地方整備局）、広島県、広島市の四者で協議会を設置し、河川管理者だけでなく、公園、都市計画関係者の意見も聞きながら計画を進めることにしている。太田川工事事務所では、市民の意識調査、学識者の意見を集める調査を実施中であり、広島市でも独自の公園緑地の整備、河岸緑化の研究会をもっており、それぞれの調査結果と計画案は協議会に持ち寄って、水の都広島にふさわしい高潮対策計画にしたいと考えている。」と続けている。つまり国県市が一体となって高潮堤防の在り方を検討することに至っている。

*T・P.
東京湾の平均海面を基準にした高さ。

*巻末の写真・図版・文献リスト参照

③太田川の調査へ向けて

昭和五〇年（一九七五）に太田川工事事務所へ調査設計課調査係長として赴任した*松浦茂樹氏は当時の太田川工事事務所所長の山本高義氏から「君の仕事は、今日、明日のことであくせくすることではない。完全に都市化されたこの広島市内の太田川について、今後どうあるべきか、二〇年後、三〇年後のことを考えるのが君の任務だ。」と*言われた。そこで当時、東京大学工学部土木工学科出身で農学部助手であった*篠原修氏に相談し、東京工業大学助教授の中村良夫氏を紹介されて依頼した。

松浦氏は山本所長の言葉を受けて、二つの調査を企画した。一つが「太田川市内

*松浦茂樹
東京大学工学部土木工学科卒業後、建設省（当時）入省。河川技術者及び土木史の研究者。「国土の開発と河川」鹿島出版会（一九八九）など多数の著書がある。

*巻末の写真・図版・文献リスト参照

*篠原修
東京大学大学院修了後、民間のコンサルタント、建設省土木研究所、東京大学教授などを経て、現在GS研究会代表、東京大学名誉教授。

派川環境調査報告書（一九七六）」であり、もう一つが「景観から見た太田川市内派川の調査研究（一九七七）」であった。この二つの調査は、まさに河川のあるべき姿を考える上で必須の先進的なものであった。

松浦氏は、河川の環境整備の重要事例として三か所を挙げている。一つはこの太田川基町護岸であり、一つは戦前の京都鴨川であり、一つは隅田川の関東大震災の復興公園である。鴨川の整備は、昭和一〇年（一九三五）に大水害があり、翌年に造られた計画は、左岸の京阪電車の地下化と琵琶湖疎水の管渠化により地上部には都市計画道路を設け、河川護岸には天然石を用いてコンクリートが露出しないようにするなど、防災と都市改造と景観に配慮した画期的なものであると評価している。河道は昭和二二年（一九四七）に完成したが、左岸の電車と疎水の地下化は遅れて昭和六二年（一九八七）に完成している。また大正一二年（一九二三）の関東大震災における帝都復興事業で整備された台東区浅草と墨田区向島にある隅田川の両岸にまたがる当時の隅田公園の整備は、防災と環境の目的を見事に解決した事例として評価している。

(2) 太田川の現状と市民の抱く太田川

①経緯と広島市三角州の概要

東京工業大学社会工学科中村研究室では、太田川工事事務所から河川堤防と一体となっている河岸緑地の景観の在り方に関する依頼を受けて、北村眞一を中心にプロジェクトチーム*を組織した。

調査では、まず広島市内の六派川の流れる三角州地域の住民を対象として、広島

*研究室全員をまき込んでのプロジェクトであったが、主なスタッフは次のとおり。
昭和五一年度（一九七六）
博士課程：北村眞一、矢田努、
修士課程：小野親一
学部四年：堀井俊明
昭和五二年度（一九七七）
修士課程：池田邦雄

市及び河川のイメージ及び住民の意識の把握を行った。また、太田川の河岸の雁木などのデザインサーベイ、歴史や河川利用など文献等の資料収集を合わせて行った。これらのデザインサーベイの結果は、後の河岸テラスのデザインを考える上での原点となった。また並行して河川景観デザインの方法に関する研究を行った。

広島市内の六派川は、北から東西に広がる文字通りの三角州を形成し、頂点にある大芝水門から放水路と本川と分岐し、本川が市街地の中心部を南下し、東側では京橋川を分岐し、京橋川は東に猿猴川を分岐している。本川をさらに下って西側に天満川を分岐し、東側に元安川を分岐している。若干複雑に分枝するツリー構造をなし、広島市の中心部で、本川と元安川の分岐点に相生橋が架かり平和公園が立地する。昭和五一年（一九七六）当時の人口は約85万人で大半は三角州に居住していた。三角州の東西と北部は山岳に囲まれ、市街地の拡大が難しかったが、太田川の谷間を走る可部線に沿って北部の低地開発、および新交通システムアストラムラインを建設して西部の山岳地帯の開発がされた。広島市は一貫して人口が増加し、五日市町との合併などで平成二七年（二〇一五）には約１２０万人になった。三角州の土地利用は、平和記念公園に隣接する紙屋町一帯を中心商業地域として北部東部西部の住宅地域に南部の工業地域から構成されている。

太田川の市内派川は、高水敷のない単断面であるのが特徴で、市街地から河川へ向けて緩やかに土地が盛り上がり、堤防の形状をしている。水面が見える河岸緑地は中心部に広く分布している。下流部へ行くと河岸は工場や住宅に占有されたり、堤防によって市街地の道路から水面を見ることができなくなって、橋の上しか水面を見る視点場がなくなってしまう。しかし川へ下りられる雁木と呼ばれる階段は市街地全体に広がって分布していた。

②太田川に対する市民意識調査（行動　態度　認識）

太田川に対する市民意識を明らかにするにあたって、以下を設定した。評価の対象は六派川の河川地点を約１kmピッチに40地点を選定し、そこの写真を用いることにした（当時はモノクロパノラマ写真）。調査対象者は、三角州を約１km×１kmの38地区に分割し、地区別に住民票から無作為抽出で50人以上合計２０９１人を抽出した。調査項目は河川での利用行動と要望、河川に対する態度（地点の選好、地点の安全・保健・快適性など意識評価、地点に対する態度として現状の保全と改修の意見）、河川の認識（地点の自由想起として太田川ではどこを想起するか、地点識別として画像を見せてその地点の位置を回答する）調査を行った。調査日時は、昭和五一年（一九七六）一二月の一一日〜一四日で、配布と回収をした。回収率は78％、有効票率は77％であった。

主な結果は以下にまとめられた。

(1) 利用行動……散歩・夕涼みが半数を超え、次いで魚釣り、河岸公園で遊ぶ、球技であった。場所は平和記念公園付近と太田川放水路が多数を占めた。

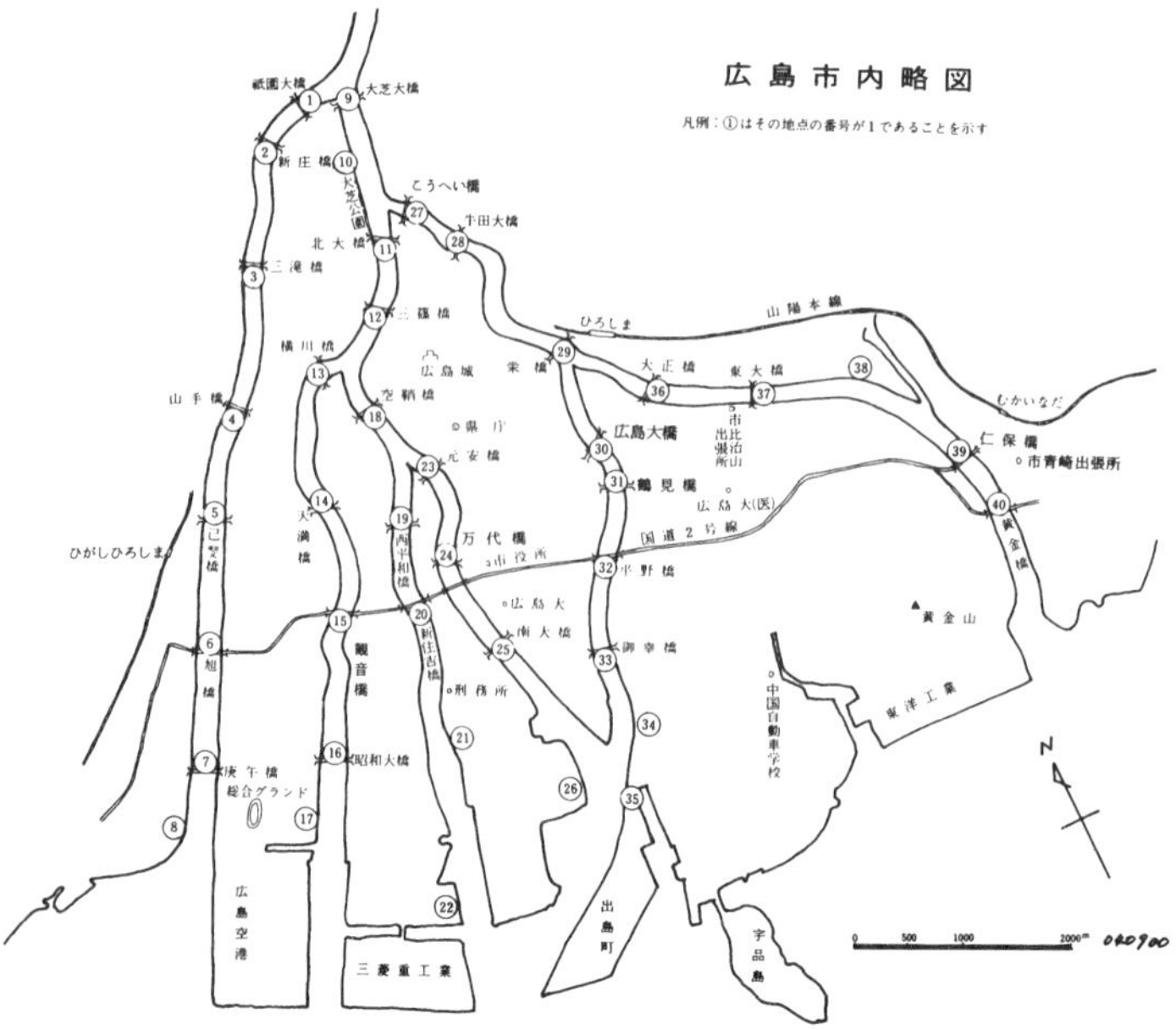

評価対象の基とした河川の地点（景観から見た太田川市内派川の調査研究）

地点別にまとめると①散歩で日常利用の市中心部、②散歩と魚釣りの日常利用の河口部、③散歩、魚釣り球技の利用の放水路上流部、④非日常利用の平和記念公園、比治山、宇品、⑤利用が少ない猿猴川下流であった。

(2) 河川への要望……要望は、きれいな水、眺めの美しさ、散歩、公園が多数を占めた。回答者を分類すると景観や自然観察、親水性を望むグループと、スポーツや散策といったレクリエーションを望むグループ、自動車道路や駐車場を望む実用派グループがあることが分かった。

(3) 意識評価……居住者による地点の評価を、仮説に基づいて安全性、保健性、快適性、景観性、利便性、親近性（親しみ）を表す36評価項目で5段階の尺度を設定して行った。調査結果を因子分析により分析すると、①因子Ⅰは河川の全体的評価（環境性、保健性、快適性、景観性、利便性を統合した基準）、②因子Ⅱは河川への道程の評価（交通環境）、③因子Ⅲは安全性、④因子Ⅳは河川の身近さ（親しみやすさと行きやすさ）⑤因子Ⅴは河川内への近づきやすさ、⑥因子Ⅵは水辺への近づきやすさであった。このことは、河川空間の評価として、快適や景観といった総合評価と、それとは独立して河川や水辺の安全性や水辺へのアクセスの評価を認識していることが特徴的であった。総合的に評価が良かったのは、平和記念公園より上流部の本川、天満川、京橋川と放水路であった。それに対して、猿猴川や河口部は評価が低いことがわかった。

(4) 河川の地点の識別性……橋梁または堤防上の地点からの景観（モノクロパノラマ写真）を見て、そこがどの地点であるか略地図上の番号を回答してもらう調査を行った。その結果、地点を正しく回答した割合（正答率）、地点A

地点の写真の例（景観から見た太田川市内派川の調査研究）

中流部では川幅も狭く、水辺には中高層の建物が目立つ

の景観をBと間違えた割合（地点間流出確率）、地点間を相互に間違えた量（地点間誤認強度）を用いて河川地点のイメージ上の特徴と地点間のゾーニングおよびゾーンのイメージの構造を知ることができた。地点正答率は本川や京橋川沿川の地点が高く、特異なランドマークや特徴的な景観、利用者が多く通る橋など景観が知られていることによることがわかった。また誤認データによる河川地点のイメージゾーニングでは、市中心部、放水路、下流部に大別された。市中心部は4つの小地区に分かれるが、イメージ上の中核が平和記念公園付近、本川の空鞘橋、京橋川の牛田橋などにあった。放水路は低水路と高水敷の複断面の構造が特徴で、上流部の大芝付近にイメージの中核があった。河口部は、五つの派川にまたがり、画一的なイメージで、宇品付近のイメージが代表的であった。

③太田川の地点のゾーニングと整備方針

太田川の地点の特性を市民意識から分析すると、4地域、8地区にゾーニングすることができ、長期的な地域と地区の課題と整備方向を示すことができた。

太田川本川の空鞘橋上下流部に着目すると、相生橋を境界に下流の平和記念公園部と上流の中央公園部とでイメージがわかれた。相生橋〜空鞘橋の区間はイメージの境界にあり、川幅も狭く、中層建築の並ぶ市街地が隣接していた。空鞘橋の上流部は川幅も広く、寺町や中央公園といった伸びやかな空間になっている。このような景観の現状は、沿川市街地を意識した整備の方針を検討する基盤となった。

地点の写真の例

下流部では対岸が遠望され茫洋とした景観となる

④イメージマップの調査

広島市の住民の都市イメージを知るために、スケッチマップ調査を行った。被験者は、広島市内在住五年以上の学生１１９人で、「広島市内について思い浮かぶものをできるだけ多く例図のように書いてください。」という指示により、40㎝四方の白紙に一〇分間区切りで筆記具の色を変えて描いてもらった。調査は昭和五二年（一九七七）一二月九・一〇・一七日に行った。

その結果の図から、イメージマップ（全要素の描写率）、描き順の図（一〇分間刻みで50％以上の被験者の描いた要素の図）、距離と方向の歪みを含んだイメージマップ図（被験者が描いた地図の平和記念公園と広島駅を基準とした標準化を行い、施設の座標の平均）を作成した。早期に河川が描かれたことから河川が広島市の空間を規定する要素となっていることがわかった。空間を規定しているのは川の次に街路であり、路面電車のネットワークであり、特色ある地区の順であった。距離と方向のひずみを含んだイメージマップを見ると、太田川が整然としたツリーに近い形に描かれており、河川に囲まれた島の大きさも均等に近づいていた。人間の脳の作用で、記憶されている形態が整形の方向へ向いた例と考えられる。

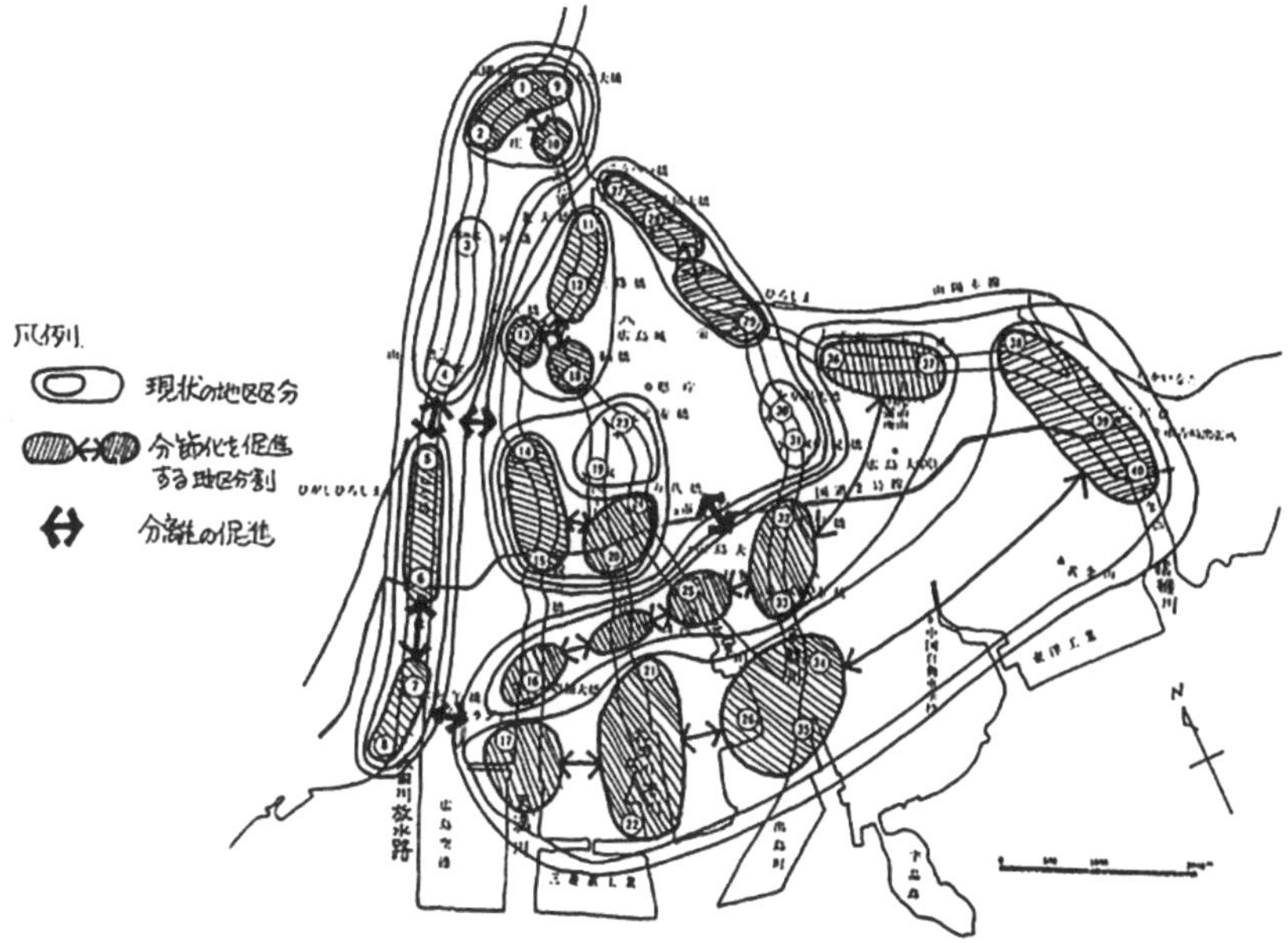

地点識別調査の結果による太田川の地点のゾーニング
（景観から見た太田川市内派川の調査研究Ⅱ）

また、マップを描く順番を連想の過程と見做して、1枚のマップに2つの施設がともに描かれている枚数を数え、施設間の同時想起量とした。その最大のものを結んだグラフの分析から、4つの連想群（①広島駅・平和記念公園、②河川中心、③そごう（バスセンター）中心、④広大中心（学生の被験者によるバイアス））が得られた。この結果から河川と隣接する平和記念公園などが河川と同時にイメージされていないことがわかった。このことから、水の都を構想するのであれば、河川と河岸緑地と隣接施設とのイメージ上の結びつきを強める設計を構想することが重要であると認識した。

⑤河岸地区のデザイン構想

市民意識調査の結果と河川利用等の現状や沿川都市計画の情報を整理した。基になる40の地点は、環境イメージに基づく4地域8地区のゾーニングデータをベースに精査して3地域と下位の10地区（放水路域、河口域、市中心域）に再ゾーニングを行った。ゾーニングによる地域・地区および地点の特性を、代表的景観、物的特性、市民行動、市民意識評価や要望、環境のイメージの強度、治水計画、防災計画、沿川土地利用計画、河岸緑地計画、河川での行事等

広島市イメージマップ（距離と方向の歪を含んだ地図）

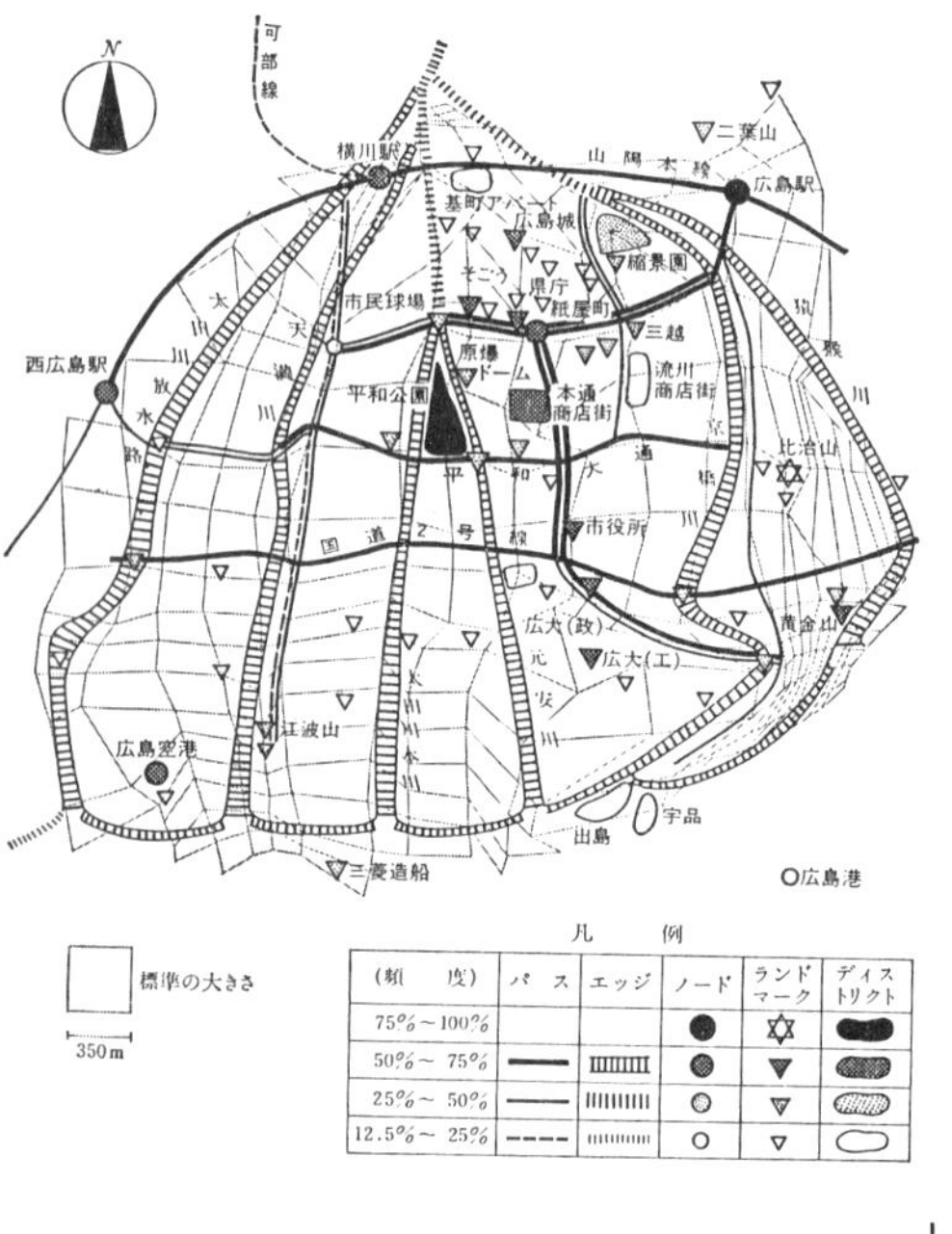

をもとに地域・地区・地点の特性として整理した。

また景観計画の理念としては、河川施設は長期的に利用される施設であり、一旦整備されると変更が極めて難しいものなので、防災等の必要な基準を満たすとともに、デザインはできる限り質の高いものを志向するとした。

デザインの基本方針としては、①河川の親水化（水辺の安全性と近づきやすさ）、②河川と市民の接触の機会を増やす、③河川内での活動の多様性を高める、④河川と周辺施設の結合と分離、⑤河川の持つ景観特性（広い空間、自然性、水面の変化など）の積極的活用、⑥河川内での景観の統一とレジビリティ（わかりやすさや地点の個性化）を高める、⑦計画への住民の参加、⑧長期的視点を持つ（時を経て美的価値の出る石材などの素材）、⑨水質浄化対策を挙げた。

これらの理念と方針に基づき、河川地点のイメージ構成の計画、各地域地区地点別のイメージアップ構想、河岸の連続する緑地と遊歩道計画を提案した。本調査では方針までに止まっているが、この方向性は後の「水の都整備構想」や「水の都ひろしま」構想の計画へ継承され、発展して行った。

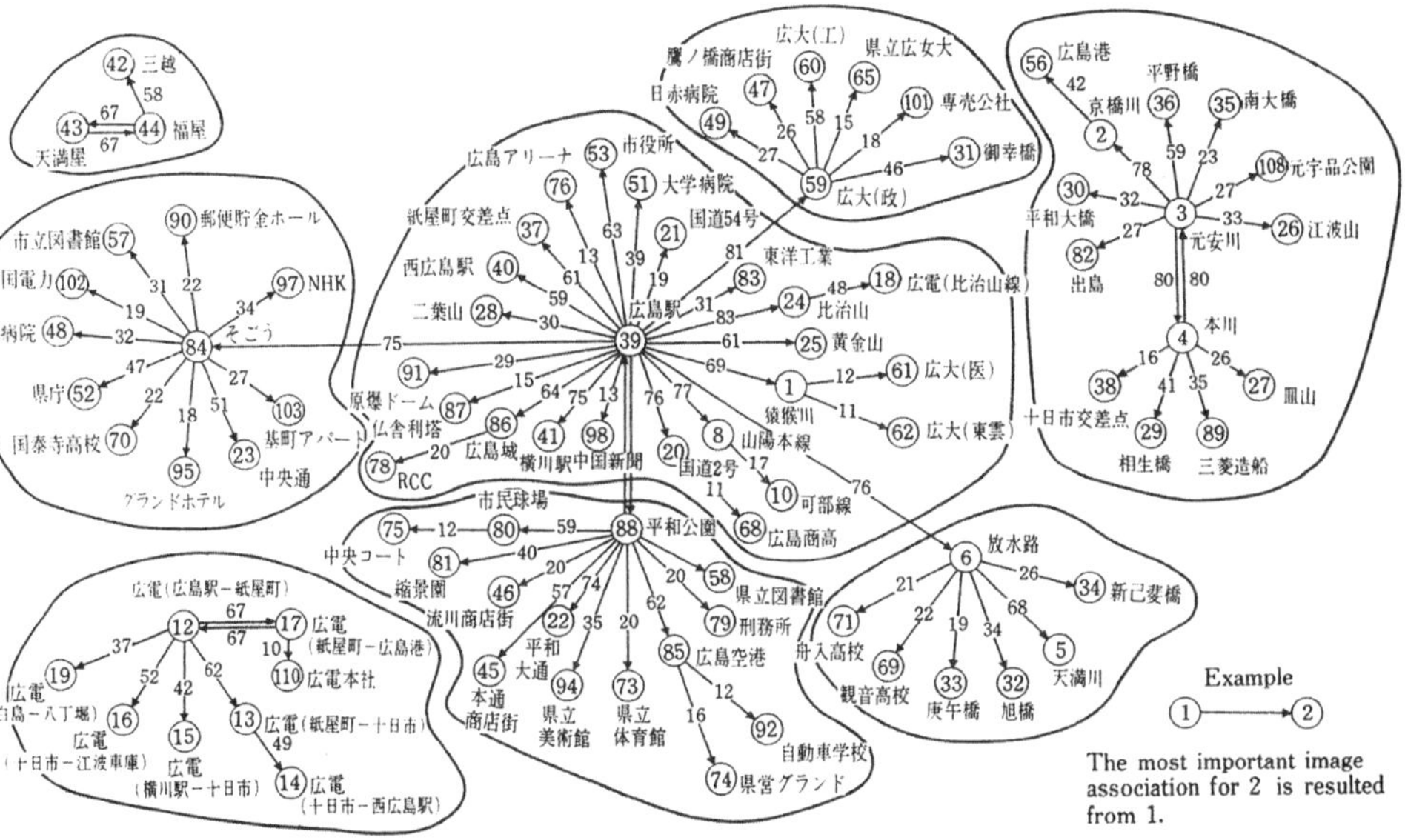

同時想起ツリー図

【特別寄稿】

都市の中の川「太田川」

山本高義（元太田川工事事務所所長）

「やってみよう」精神

旧制高等学校に入って親元を離れ気ままな生活をしたためか、生まれつきか新しい事をやってみたい性格で、役所勤めをしても好きなことをやらせて貰いました。太田川工事の所長に着任した頃の中国地建はいろんな新しいことをやろうとする風土のあるところでした。ただ予算は厳しい時でしたから、河川の環境など考える余裕のない、防災だけの時代でした。そういう中でありましたが、原爆ドームに近い基町護岸は市民に愛される景観・環境を備えたものに整備を「やってみよう」と考えました。基町護岸の治水・環境・景観をトータルしたデザインを東工大の中村先生に作成していただき、工事設計と、工事の施行業者の見通しが決まったところで異動になり、後任の所長に引き継ぎました。

河川は都市の一部

都市河川の太田川では高潮対策が急がれていました。高潮対策は海の高潮位が河川を遡上して従来の河岸の高さが足りなくなるので、嵩上げしなければなりません。嵩上げはコンクリート壁でつくるか、土堤防を高くするかということになります。

以前、関東地建にいたときに隅田川の高潮対策の計画を担当しました。その時は用地がないからコンクリートの擁壁で守るという案をつくったのです。現在は河岸公園と組み合わせた堤防に変更して下さっているので良かったのですが、コンクリートの高い壁は沿川の住民の皆さんが川に近づけなくなってしまって、私の気持ちにこれ良くないなと反省が残っていました。太田川では安易にコンクリートの壁を造っちゃいけないとの思いが強くなりました。地元広島市は河口防潮堰なども考えていたようですが、川の水質の悪化の懸念やカキなどの漁業権など困難もありました。また当時河川技術者は水を治めるものは国を治めるという強い使命感で治水第一でしたが、私はちょっと反発して、都市の河川は都市施設の一部だと考え、洪水を防ぐのは勿論ですが、水利・水面利用も考え、都市の景観を構成するものではないかと考えました。

基町護岸そしてポプラ

当時の基町の河川敷には戦後の不法占拠の建物が随分残っておりましたが、それを撤去した後、景観を考えた河川公園に整備しようと考えました。市も盛土をするなど河岸公園のようなことを考えていました。中国地建は昔から新しいことにチャレンジする地建でしたので、基町護岸の景観・環境を配慮した整備構想を局長、部長に強引に承知してもらいました。これは所長の道楽だと思って予算を付けてくださいと押し切りました。

前面の水制は昔からあったのですが、派川の分流にも関係し親水（灯篭流しなど）の足場にもなるよう残すことにしました。また護岸の材料も天然の石は割高になるからコンクリートブロックのほうが良いという意見もありましたが、天然の石は川の中で揉まれて玉石として残っているのだから強度も強いんだと説得しました。見た目もよく地建の幹部も賛成してくれました。

ポプラを残したことですが、河川敷に大きな立ち木を残すことは流水に支障となり、切るべきとの意見もありましたが、原爆にも生き残ったとされる木でもあるので、残すことにしましたが市民の共感を得たことは嬉しい限りです。

第3章　都市デザインの新領域に挑む——社会工学の思想・発想・構想

〈一九七六年～一九九〇年〉

北村眞一・岡田一天

（1）太田川基町護岸のデザイン

①景観設計の経緯

太田川市内派川の調査は、昭和五一年（一九七六）度から三年間、昭和五三年度（一九七八）まで行い、市内派川の地域地区ごとの設計指針をまとめた。その頃は、基町護岸は一部石積みが崩壊するなど傷みが激しく、高水敷には不法占拠していた住民が基町団地に移動して、かつてのバラック住宅の破片が散乱していた。その時、不法占拠していた最後の住宅が失火によって焼失した。この機会を捉えて、太田川工事事務所は早急に河川護岸の整備を進めることとなった。景観調査をまとめている過程で、昭和五三年に太田川工事事務所から中村良夫助教授（当時）へ基町護岸の基本設計の依頼があった。中村研究室の設計グループが設計案を検討した。改めて現地の詳細を調査し、景観調査からの方向性を受けて、デザインを練ることとなった。

その後昭和五三年一一月、空鞘橋下流左岸を対象として、着工したいとのことで、太田川工事事務所作成の実施設計図と東工大案の基本設計図とのすり合わせを行い、ディテールの詰めを行った。昭和五四年（一九七九）二月に、太田川工事事務所の基町地区改修計画がまとめられた。その後空鞘橋下流左岸約２２０ｍ区間が昭和五三年度及び昭和五四年度に着工、昭和五五年（一九八〇）三月に竣工した。

さらに空鞘橋上流の左岸約２２０ｍ区間が昭和五六年（一九八一）三月に竣工、その上流の左岸約２００ｍが昭和五七年（一九八二）三月に竣工、そしてその下流の相生橋上流左岸約２２０ｍが昭和五八年（一九八三）一〇月に竣工した。約四年間、総工費約４億４千万円をかけて、全体の約８８０ｍの区間が完成した。その間、実施設計図と基本設計図とのすりあわせのために、毎年何度か設計案を持って、東京から広島までを中村先生はじめ研究室メンバーが往復した。

②景観設計方針

景観の調査と分析により得られた知見と、それに対する基町護岸地区の設計方針を以下に定めた。⑴〜⑸はテーマの決定とディスプレイ計画に相当する方針で、⑹〜⑽は景観対象と視点場の設計に関する方針である。

（1）広島市について市民が想起した要素では、1番が原爆と平和、2番が川と橋、3番が都市交通であった。太田川は重要な広島のシンボルとなっていた。

（2）広島市のイメージマップから、平和記念公園や縮景園など太田川と隣接する施設は本来河川と結びついて想起されてよいものがそうなっていなかった。そこで、太田川本川と隣接する中央公園、広島城、基町アパート等との景観的な結合をはかるために、それらが川越しに見える視点場を強調して整備をはかる。

（3）河川の地点のイメージ調査から、この地区は他地区に比べて住民に広く知られていることで、太田川のイメージを代表していることから、この地区の整備は太田川全体のイメージを左右する重要な地区であることを確認した。

（4）河川のイメージは、平和公園地区と接して商業都心的な相生橋〜空鞘橋区

基町地区の都市構造（景観から見た太田川市内派川の調査研究Ⅱ）

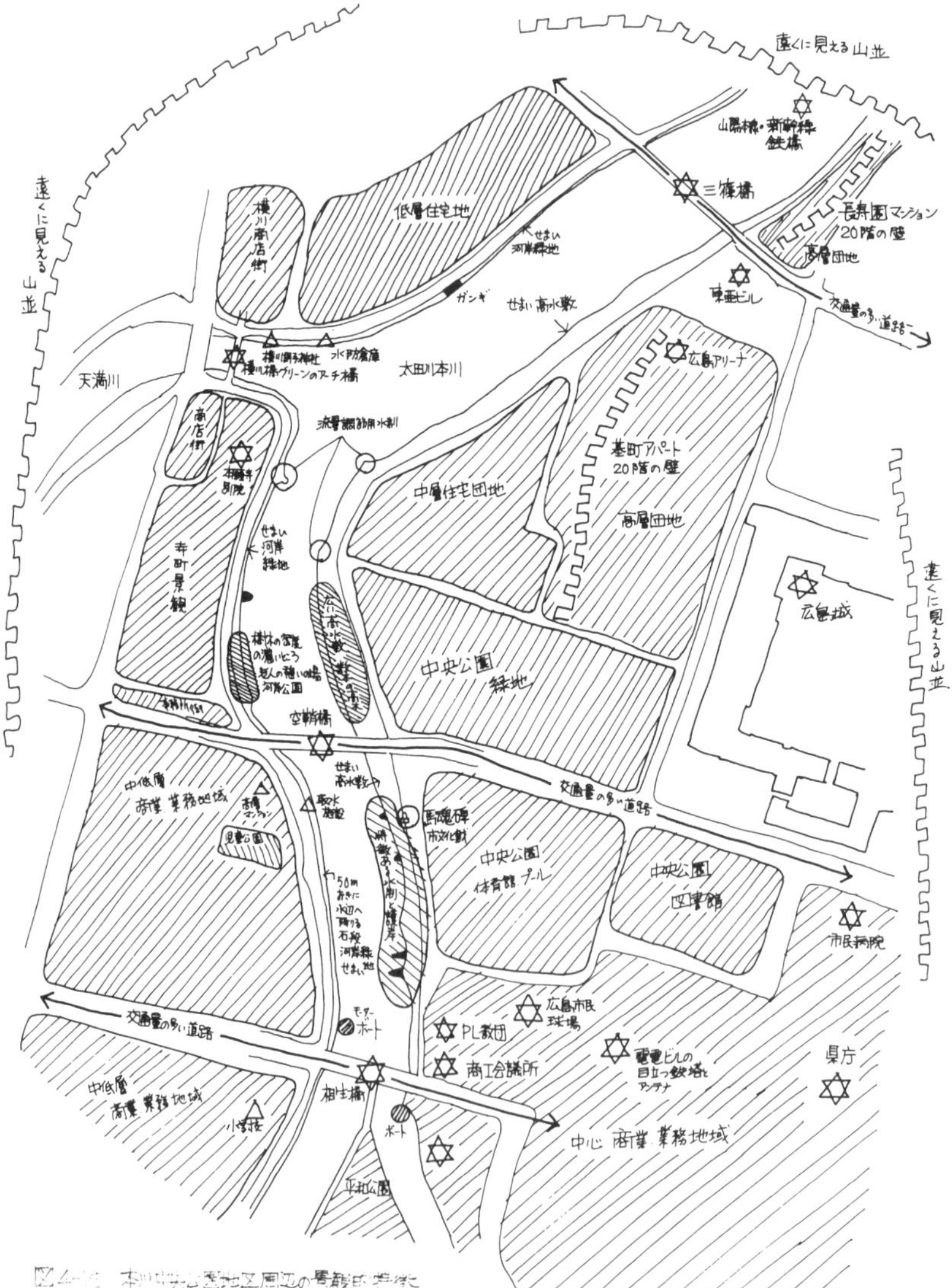

図4-12　本川中学～基町地区周辺の景観的特徴
（約1:5000）

間と寺町や住宅に中央公園の隣接する地区の北大橋～空鞘橋区間とで異なる。そこで、空鞘橋を境に上下流でそれぞれ違ったイメージをもつデザイン方針を採用する。

(5) 市民意識調査の結果からこの地区は身近な河川としては周辺住民には意識されていず、水辺に近づきにくい比較的悪い評価がなされていた。そこで堤内の中央公園と一体化をはかる一方で水面とも近づきやすくして、河川と都市とをつなぎ、親しみやすくなるように次のように工夫した。水面の高さは干潮河川で日に2回約3ｍの水位差があるため、堤防小段、階段を設置し、水辺の親しみやすさを演出する。護岸の素材は、被爆した歴史を尊重し、当時の護岸の石材を可能な限り活用し、時を経て価値の出る石材として花崗岩を用いる。また水制工も歴史的に意義深いものがあり、それを継承するとともに、保全、再生をはかる。

(6) 景観的に優れた水辺は、水辺に近づきやすく見えることが重要であるとする親水象徴理論から、水辺近くへ行ける堤防小段、水辺へ突出した水制工、水辺に代理行動者として近づいている河岸の樹木、水面へ下りることのできる階段などを設ける。

(7) この地区の太田川の川幅は約100ｍで、対岸を行きかう人の活動を識別することはできるが、両岸の一体感を感じるには限界である。両岸の分離感が感じられないようにする工夫として、護岸に適度な変化となる階段や切込み、法線をカギ型にするなど、対岸を見たときに平板にならないようにデザインを工夫する。

(8)　河川の屈曲部の空間で、空鞘橋下流左岸側の凹部は閉鎖的で囲まれ感のある落ち着ける場所なので静的な活動を想定したデザインを、逆に空鞘橋上流左岸の凸部は開放的な場所なので動的な活動の空間をデザインする。

(9)　河川における安全性と景観との折り合いをつけるために、転落防止柵は設けず、代わりに植栽を用いる。

(10)　河川は実用的な空間であり、公園のようなレクリエーションのための快適空間でも、庭園のような芸術空間でもない。そのためベンチなどの機能は、転石など河原にふさわしい物によって満たすことを考える。

③基本設計

河川の設計に際して諸元表にあるように堤防の安全性を確保する必要がある（脚注の諸元を参照）。制約条件下でいかに魅力的な空間をつくるかが景観デザインの急所である。基町護岸のデザインにあたって、設計の戦略ともいえる重要な考え方は以下のとおりである。

①　（最重要）河川護岸の設計は標準横断面を定めて、それを堤防法線に沿って連続させるのであるが、空間が画一的で個性がなくなる。その方式から脱却する三次元設計を試みる。

②　堤防を構成する空間として、緩傾斜の芝生面と急こう配の石垣の組み合わせによる多様な空間を造り、要所に樹木を活かす。

③　土木の空間は屋外でスケールが大きく、コンクリートの素材も単調になりがちである。そこで昔から使われてきた瀬戸内海産の花崗岩の切り石や、水面に近い部分には川らしい玉石の活用で素材のテクスチャーに変化をつけるとも

＊設計条件は以下のとおりである。
計画流量：１２１０㎥／s
諸元：
(1)　堤防高：河口から2・7㎞～3・2㎞（相生橋～空鞘橋）は潮位4・4m（台風時かつ大潮の時の満潮を計画高潮位としている）に余裕高0・6mを加え5m、3・3㎞～3・7㎞（空鞘橋～天満川分流）は洪水位プラス余裕高1・0mで6m。
(2)　洪水流下能力を確保し、計画河床高を－3・0mとする（T．P．）。
(3)　法勾配等：堤外側（川側）1：1、堤内側（市街地側）1：2。
(4)　堤防法線は、現河岸に沿った線を尊重し大幅な変更はしない。

空鞘橋下流のＡＢＣ３つの案のパース
（景観から見た太田川市内派川の調査研究Ⅱ（図面））

（A案　水制をなくす案）

に地域性とその川の個性と伝統を活かす。

設計の基本方針と、設計の条件を踏まえて、空鞘橋上下流の両岸を設計した。特に左岸は工事を進めるために数種類の護岸の案を検討した。

空鞘橋下流部の左岸の護岸は、第1案として被爆した当時の護岸の現状の断面を活かす復元案（O案）、第2案として水制をなくして下流側に階段のテラスを設ける案（A案）、第3案として4つの水制工を残す案（B案）をまず検討した。第3案を検討していた時に、これまでの案では空間的な変化が少なかったので、もう少し変化を加えた切り石積みの高水堤防を一部切り下げてテラスを設ける案（C案）が発想された。さらに空間的な変化を加えた案としてC案に連続させた小段のテラスに水制工を生かす第4案（D案）ができた。

一方空鞘橋上流部は、第1案は被爆前の護岸の復元案（O案）、第2案は大きな船溜まりを設ける案（A案）、第3案は、連続した小段を設けて親水性を高める案（B案）であった。その時比較的広い高水敷が小段や船溜まりで削られるので、思い切って高水敷をできるだけ広くとれる単断面の空間にしてはどうかと中村先生から提案があった。橋を挟んで全く異なるデザインのコンセプトであるが、橋にさえぎられて上下流の空間は分離されているので問題はなく、場の違いを十分に活かせる案ができた（D案）。空間の基本形を基に、護岸素材や斜面などのディテールに変化をつけて案は精緻化された。

結果として、上下流ともD案が採用になり、実施設計へ進められた。

（C案　高水堤防を一部切り下げた案）

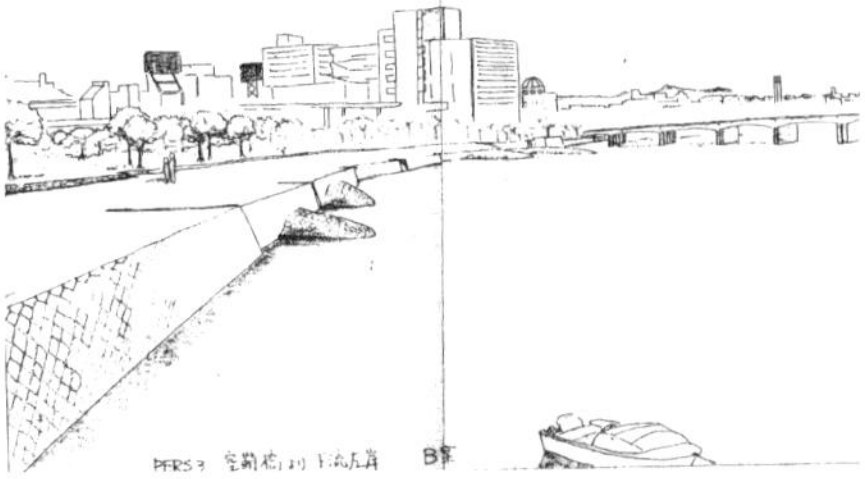

（B案　水制を残す案）

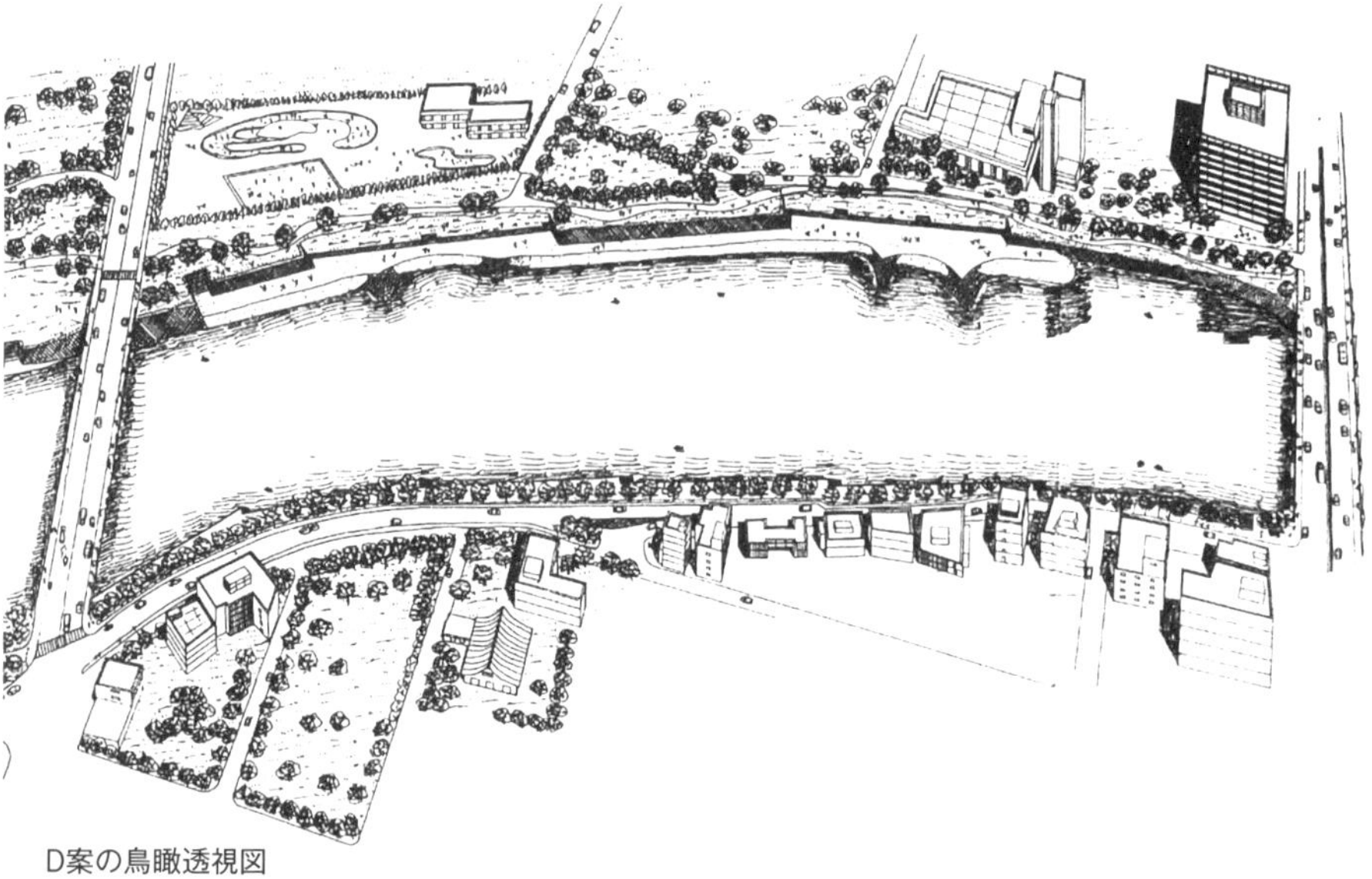

D案の鳥瞰透視図
空鞘橋上下流部（廣部光紀作画）
※D案の基本設計図に基づくので実施設計平面図とは細部では空鞘橋上流部左岸が異なっている。

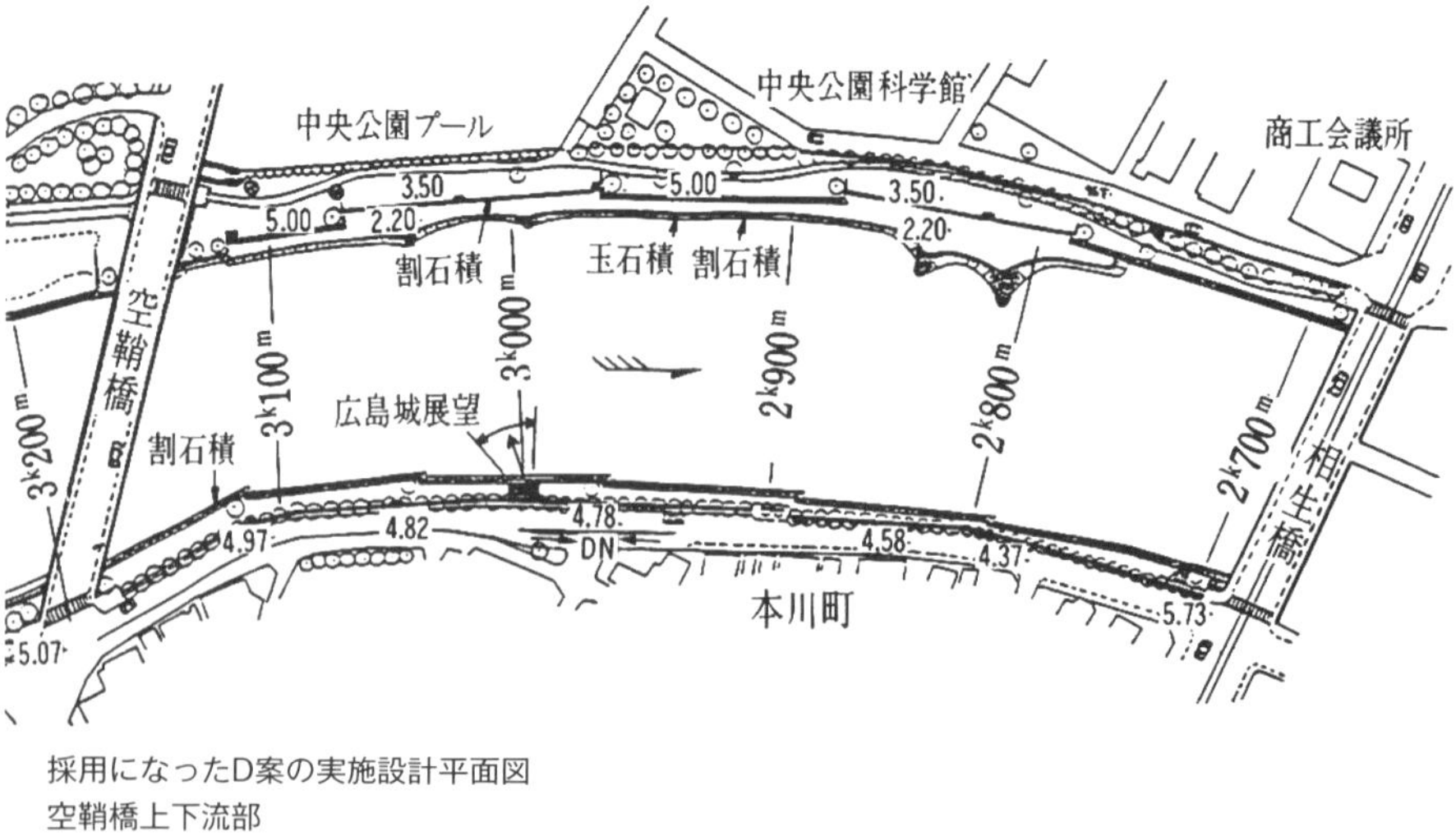

採用になったD案の実施設計平面図
空鞘橋上下流部
※基本設計図に基づき、左岸を精緻化。

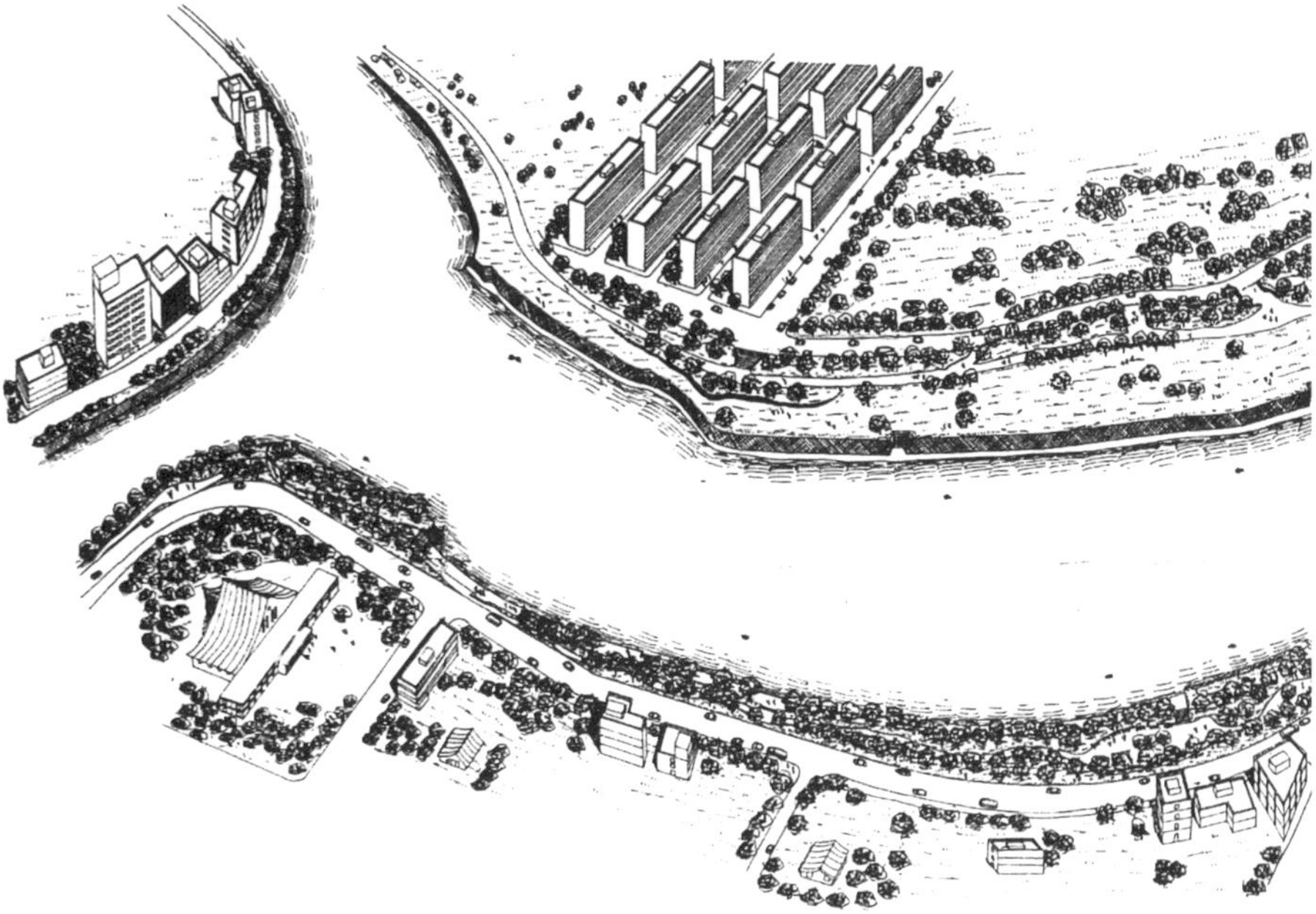

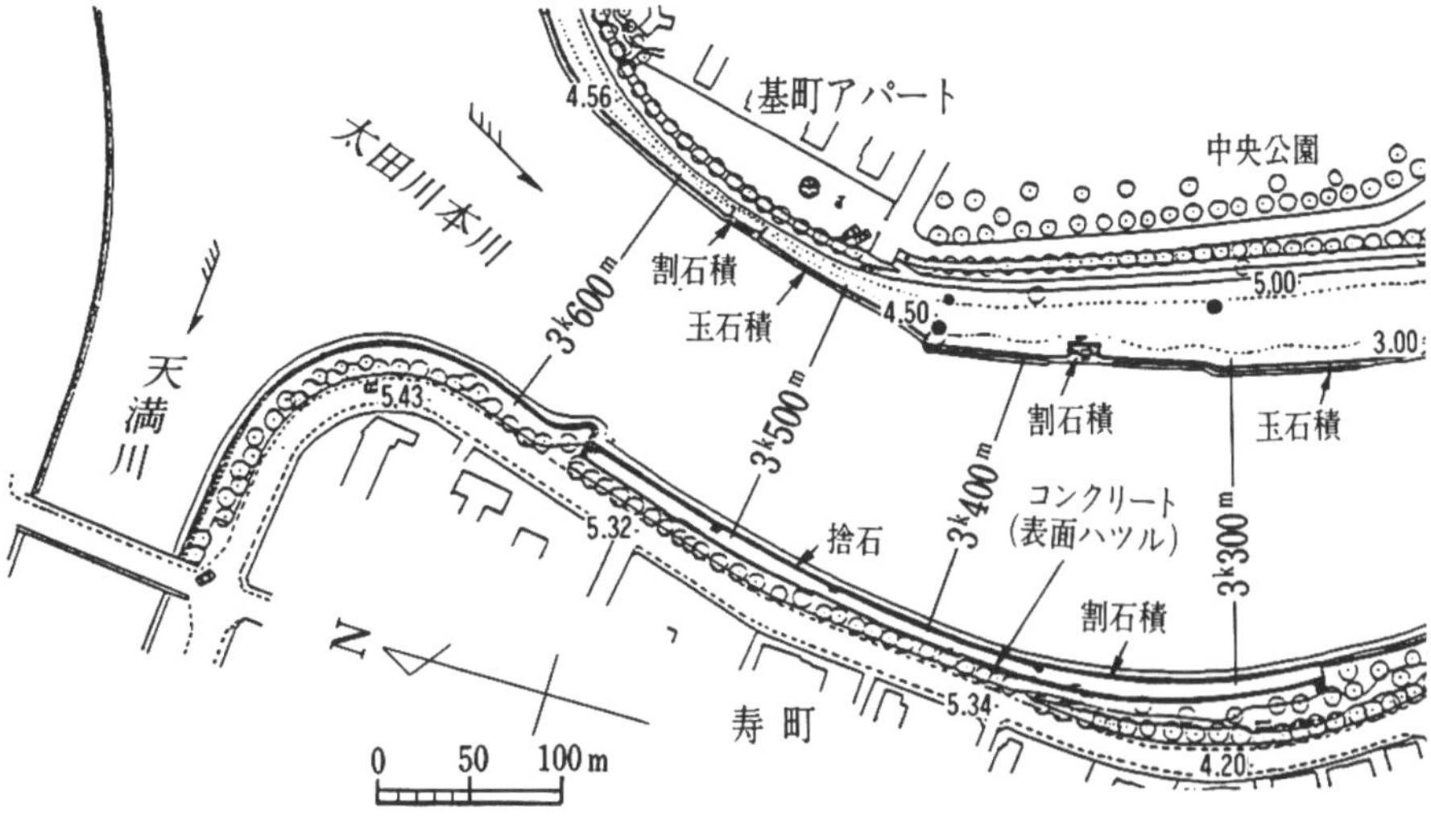

基町アパート
中央公園
太田川本川
天満川
4.56
割石積
玉石積
5.00
4.50
3.00
3k600m
3k500m
3k400m
3k300m
割石積
玉石積
5.43
5.32
捨石
コンクリート
(表面ハツル)
割石積
5.34
4.20
寿町
N
0 50 100m

④空鞘橋下流部左岸の実施設計へ向けた基本設計の精緻化

・法線の検討と階段

下流部の空間は、事業前の護岸を見ると、曲線で凹凸する布積みの花崗岩の石垣の高水護岸に水制工があり、水面へ近づくための階段（雁木）が堤防法線（ていぼうほうせん）に直角に設けられていた。階段は舟運など川と都市が密接に結びついていることを象徴する。

・複断面デザインスタイル

シビックセンターや平和公園、原爆ドームに隣接し、川幅も狭く、沿川に中層建築が建ち並ぶ、対岸から広島城が遠望される、かつて広島城の外堀であったことなどから、アーバニティの高い石積み石垣の堀込河道で既存の水制工を新しいデザインに活かして河岸のテラスを設けて、水に親しめる落ち着いたデザインとすることとした。

・空間の分節化

堤防や護岸のような土木構造物は、流水をスムーズに流すため単純な形態が連続するため単調になりがちである。単調な堤防は機能的で合理的であるが、かつての広島の河岸の護岸は階段あり小段広場ありなどきわめて変化に富んでいた。そこで、都心空間では変化をつけるために、相生橋〜空鞘橋区間約５００ｍを大きく２つに区切り、それぞれを高水護岸による平坦部とテラスからなる水面とやや距離を置いた区間、それを少し切り下げた斜面と低水護岸とテラスそして水制工からなる水面と一体感のある広場区間とに分け、空間を分節化した。緩やかな斜面と低水護岸と小段テラスからなる空間と下流側の高水護岸の接する階段の上部はここが水衝部

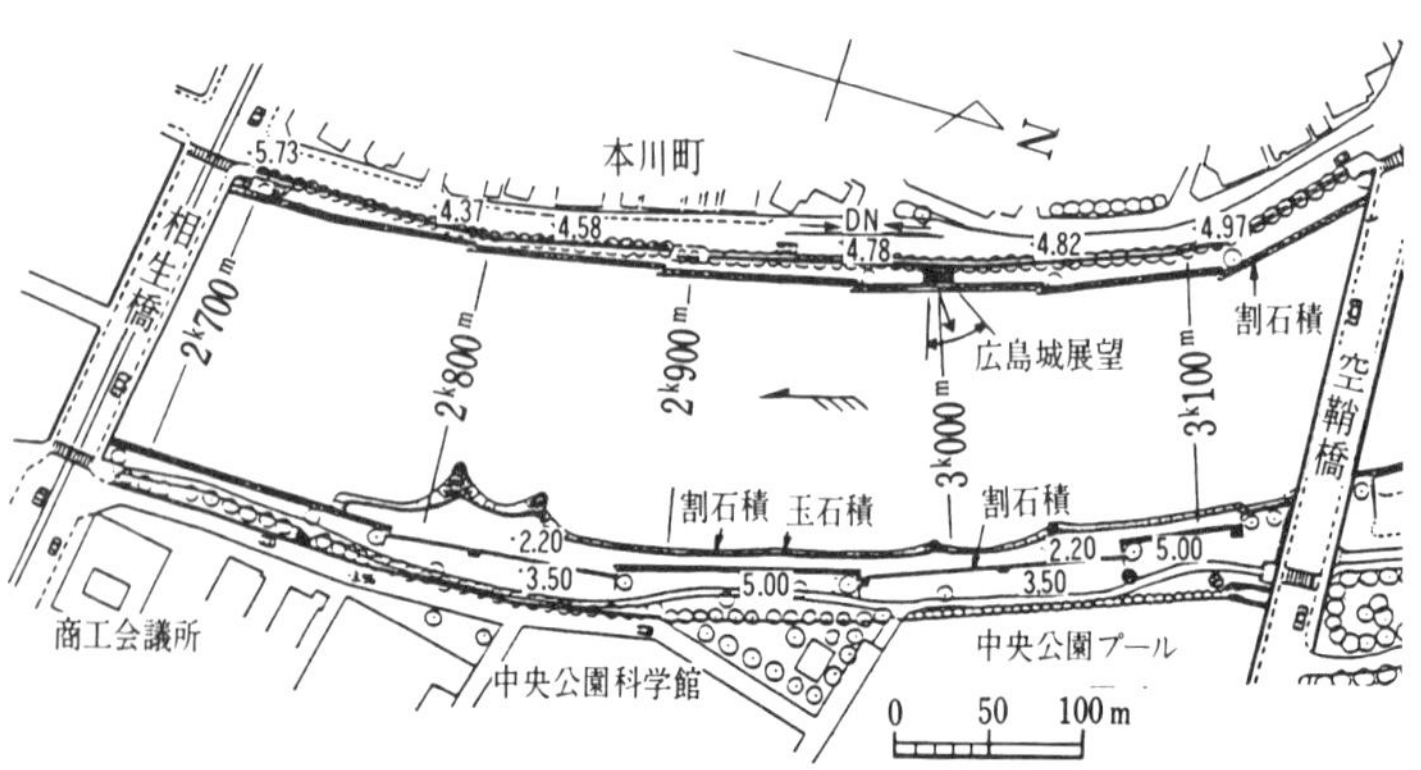

空鞘橋下流部左岸の平面図

（すいしょうぶ）（河道が屈曲する時、川の流れが強く当たる場所、その反対を水裏という）であり洪水時の流れが当たる可能性から、芝生の下に蛇篭で補強されている。幸いまだ芝生が削られて蛇篭が露出したことはない。

・高水護岸

高水護岸の*勾配は壁のような石垣のイメージを高める急勾配の1：0・5（5分勾配 縦1に対し横0・5の傾き）とした。天端とテラスや川底をつなぐ階段は、アクセスしやすく適度な間隔で設け、分節化を陰影で強調する接続部に設けた。低水護岸はテラスの上側は高水護岸と合わせて直線的な切り石積みに、川側はアクセス性を高め、柔らかさを持たせるために曲線で玉石積みとした。堤防上部の天端の管理用道路と低水護岸をつなぐ芝生の斜面は、緩やかに曲線でつないだ。堤防の横断面は一般に直線の交差が多く、角が尖っているが、ここでは緩やかに結びつけることで、柔らかさと広場感を演出している。

複断面上部2箇所の平坦な天端部は将来カフェテラスの設置を期待したが、実現していない。

・低水護岸のテラス

連続する小段のテラスは、散策や休息、ちょっとしたイベントなどで使える。玉石積みの部分は勾配が1：0・8（8分）でテラスの平場との境界部分は一段低くして縁を切ってテラスの角の曲線がはっきり見え、歩行者や自転車が躓かないようにした。護岸天端へ曲線で接続しているのは、護岸の上から水面を見たときに危険を感じて近づかないように心理的に危険性を暗示するデザインで、また万一落ちても玉石につかまれる凹凸のある形となっている。小段の高さは、大潮の時の満潮時

空鞘橋下流部左岸標準横断面図（基町環境護岸パンフレット）

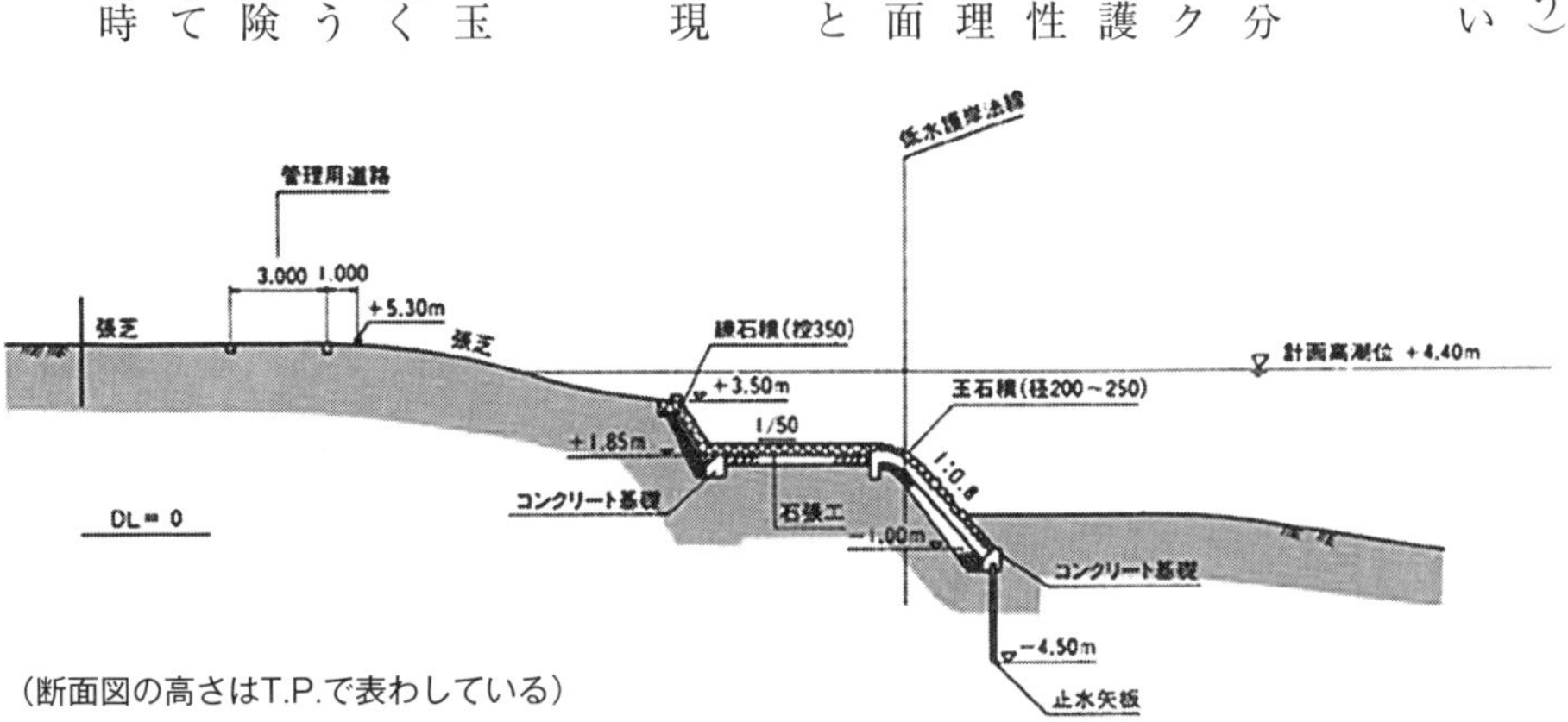

（断面図の高さはT.P.で表わしている）

の水位でも水没しないぎりぎりの高さにまで下げた。空鞘橋の下に小段を延長させて上流側とつなぐことを考えたが、当時はできなかったので、テラスは橋詰の高水護岸に直結させた。橋下のアンダーパスはその後時代が変わり、整備されている。

・**水制工**

水制工はこの場所を歴史的に最も特徴づけるものである。そこで以下のような考え方でこれを活かすこととした。

① 河川技術遺産としての水制工を保存する。

② 水はね四基の保存によって河積断面に欠損が生じる懸念を除くため、天端と低水護岸のあいだは緩い芝生で後退させて、河積に余裕を持たせた。

③ 水制工によって船が通行する澪筋を安定させ、将来の船運復活を視野に入れた。

④ 天端から流れるような緩勾配の芝生斜面、間知石垣の急な段差、階段で低水護岸への誘導、河原風の荒い表面テクスチャーのテラス、水制工で水際へ、……というように、水辺への「漸次的接近」によって親水象徴性を演出した。

⑤ 下流部の影響を考慮し、相生橋下流での分流による流量配分に変化を起こさぬよう水制工を温存した。

中村先生ドラフトスケッチ図

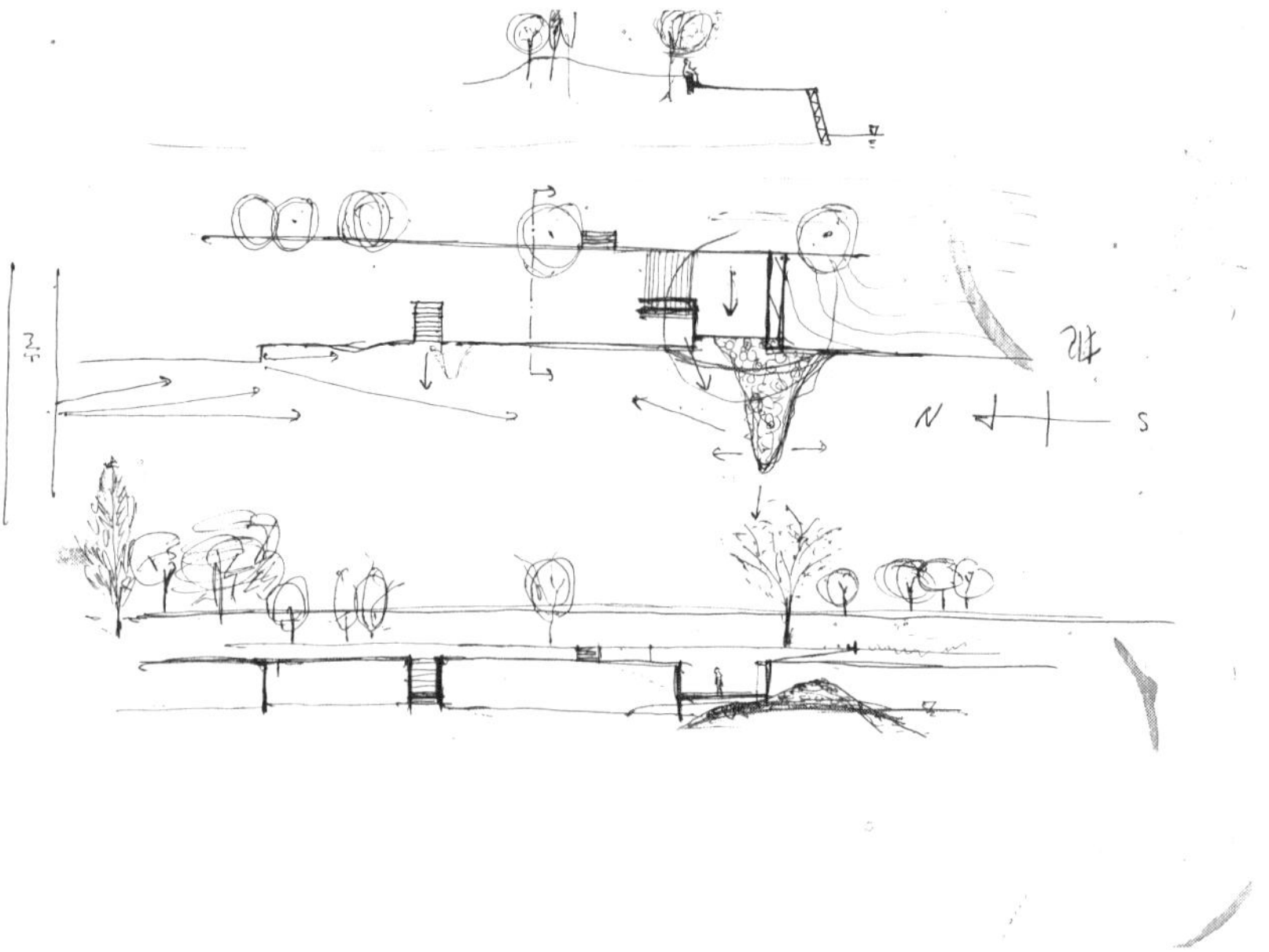

低水護岸に接続する水制工は、上流側の二基は伝統的な形を継承して緩やかに傾斜する舌状の石積み構造になっている。石材は古材をそのまま積み直し、コンクリートを裏に込めない空石積みにしたかったが、構造基準上コンクリートで固める練り石積みになった。石にノリがつくと滑るので、利用者にとってはやや危険な面があるが形はすっきりしている。下流側の二基は滑り落ちないように安全面から階段状にデザインを変えている。上から見ると直線的に三角形で突き出しており、先端を丸めているが、やや硬い感じがぬぐえない。元来水制工には、流水から護岸を守り、護岸近くに土砂を堆積させ、先端部分を深く掘って澪筋をつけ、船が通りやすくする機能がある。また、桟橋のような船をつける河岸の機能にも使え、広島市内の河川では歴史的に船運の役割も大きかった。

・護岸材料と石積み

護岸の材料は歴史的に瀬戸内海から運んできた花崗岩が使われた伝統と今後の地域らしさを考慮して、花崗岩を用い、玉石は上流部で採取した材料を用いた。高水護岸は花崗岩の割石を使い裏側をコンクリートで固めた練り石積みで、安定性の良い谷積みとなっている。小段テラスの上部は、河原のゴツゴツした野生感にこだわって表面が荒い割

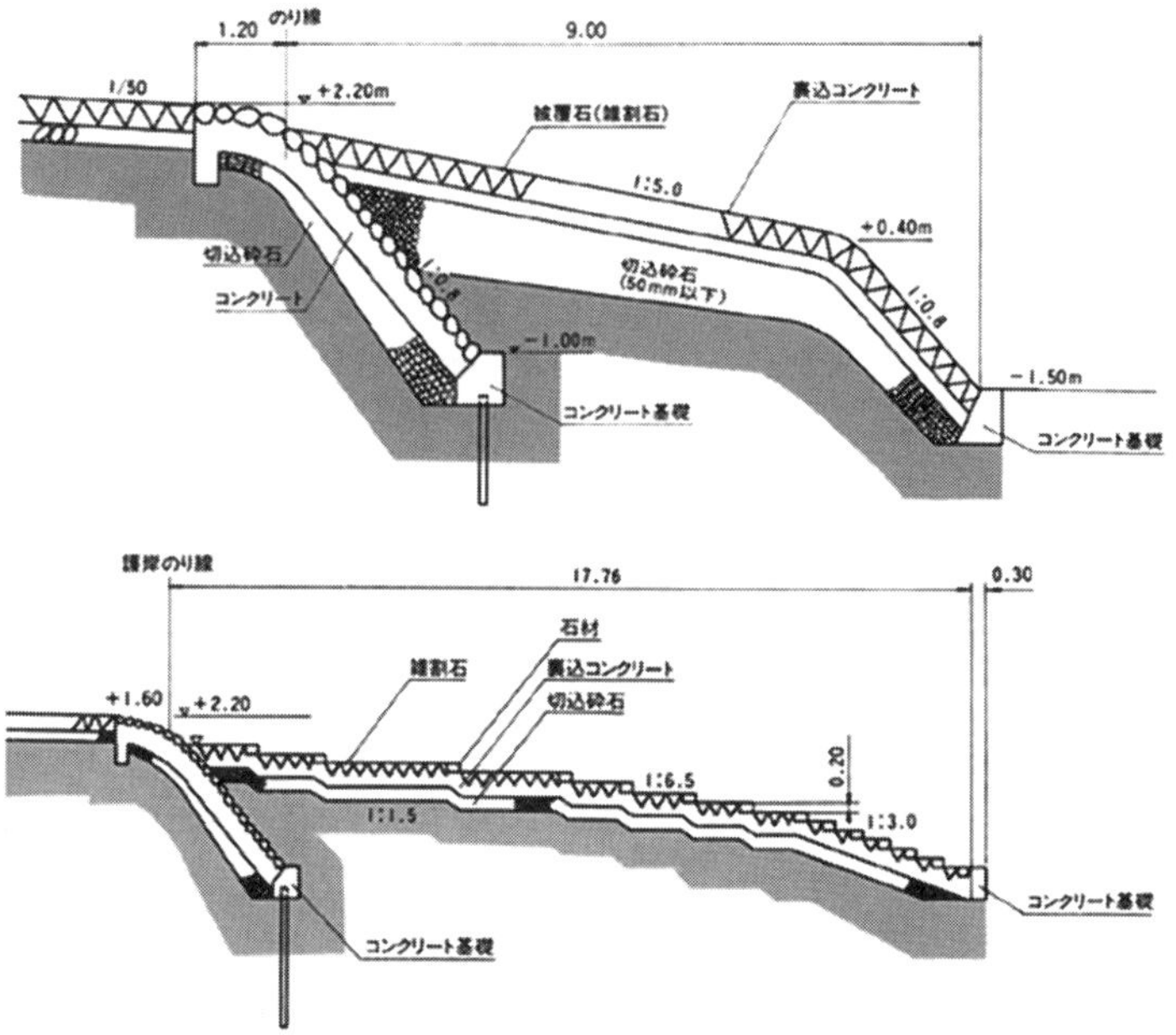

水制工の再構築（基町環境護岸パンフレット）

石を張ってあり、石と石の間のコンクリートは目地から雑草が生える程度に土が入るように完全には埋めていない。護岸全体の硬いイメージを避けるためである。表面が割石のために歩きにくいと評判はあまりよくないが、適度に草が生えて柔らかいイメージはでている。

・管理用道路

管理用道路は、堤防の天端を空鞘橋詰の入り口から川へ行きたいと思う経路を、また河川の敷地の境界に沿って曲線で結んだ。土木構造物は定規で引いた直線が多いが、人が歩く道はスラロームの緩やかな曲線といわれており、曲線を採用している。スラロームカーブとしては若干曲率がきつかったかもしれない。今は芝草で覆われて見えないが、舗装と土の境界には擬木が埋められており、表面だけ年輪が連続して見えていた。擬木は公園的なイメージなため、河川らしいデザインの材料開発が望まれる。橋詰の入り口と管理用道路の接続部に小広場を設けているが、そこの車止めのデザインが難しかった。当初は、河川の標準的なカギのかかる黒と黄色のトラ模様のゲートで、その横から芝生を踏んで出入りしていたが、その後コンクリートのコーン状の車止めに代わり、改善された。

相生橋の東詰の入口広場は、都市部との境界になるので河原というよりも都市的なデザインにした。石のベンチの表面はなめらかな仕上げとなっている。また、水面との落差も大きいので、安全のため石の柱をチェインでつなぐ柵を設けた。橋詰はシンボルとなるようにシダレヤナギを1本植栽したが、生育が悪くて残念であった。入口広場の舗装は、花崗岩を敷石にシックに設計したが、花柄のインターロッキングになっていた。

管理用道路入口部

管理用道路の曲線

・樋管

相生橋の少し上流側に樋管があった。樋管の円形の出口が護岸にあったが、そこは半円形にし、坑口表面に石積みアーチ風にデザインした。現在はそこに相生橋のアンダーパスができており、隠れて見えなくなっている。樋管の門の開閉のハンドルが護岸の天端にあり、色を茶色で目立たないものに塗装した。

・植栽

河岸にはつきものの転落防止柵はここでは設けたくなかった。一般的な柵の形の基準は高さが1m（1・2m）を超える必要があり、足をかけて昇れないように縦にスリットの入ったものが標準である。これを植栽で代替するために、60cm程度の高さの低木で少し幅に厚みを持たせることで、護岸の角までの距離を稼ぐことにした。また低水護岸のテラス上側は、高さ1・4m程度で低いこともあり、水面直接でもないので、転落防止の植栽も設けないことにした。

高木の植栽は、当時は堤外地の計画高水位以下の場所にはできなかったので、当時あった樹木をできるだけ残すこととし、植栽は護岸天端（5・0m高）の川側近くで、シンボルとなる場所として、出隅に植えることとした。また、将来天端より低い位置にでも植栽ができるように基準が変わることを期待して、テラスの低水護岸の入隅に植栽桝を埋めてある。河原の高木はシンボル性が高く、景観的に水平に開けたところで垂直の構成要素として、庭園における池に枝を伸ばす役木のように重要である。堤内側に接する道路との境界は、天端や堤防のり面に既存の樹木を極力残しており、被爆したシダレヤナギなど高木が育っている。また天端の管理用通路の都市側に桜並木がベンチとともにライオンズクラブにより寄付された。ベンチ

複断面の形

芝生斜面

は背もたれのある普通のもので、河川らしくないが座り心地はよい。中央公園プールとの境界は視線を遮断する必要からプール側で設けた密な植栽の壁となっているが、管理用道路を曲線で川側に設置しているので、道路と河川の境界までの間に植栽が育っている。

・**馬碑**

上流寄りの水制のあたりの斜面に矩形の低い石積みがあり、そこに馬碑があった。文化財調査の結果、広島城の外堀の石であるとの報告を受けたことから、石積みは残し、馬碑は当時青少年科学館（現広島市こども文化科学館）の南側に移すことになった。現在は空鞘橋の東詰南側にある。

⑤空鞘橋上流部左岸

・**法線の検討と樹木の保護**

高水敷の不法占拠住宅が撤去されて、中央公園との境界が決められ、高水堤防上にはアスファルトの管理用道路ができており、高水敷が整地され、コンクリートの低水護岸が連続していた。高水敷には戦後に植えられたか自生したかわからないが一〇本程度の樹木があった。流量の条件から新しい低水護岸の法線の位置を決めて、残せそうな樹木を検討すると、中央にあったニセアカシア（ハリエンジュ）一本と上流側のポプラ一本が可能とのことになった。これらの二本を残せるように高水敷の微妙な高さに配慮する必要があった（樹木は根っこより1mも高く埋めると生育が阻害される）。ポプラの河側の凸部の水際にエノキの大木があり、保護したかったが、泣く泣く切り倒すこととなった。

・**土工のり面のグレーディング**

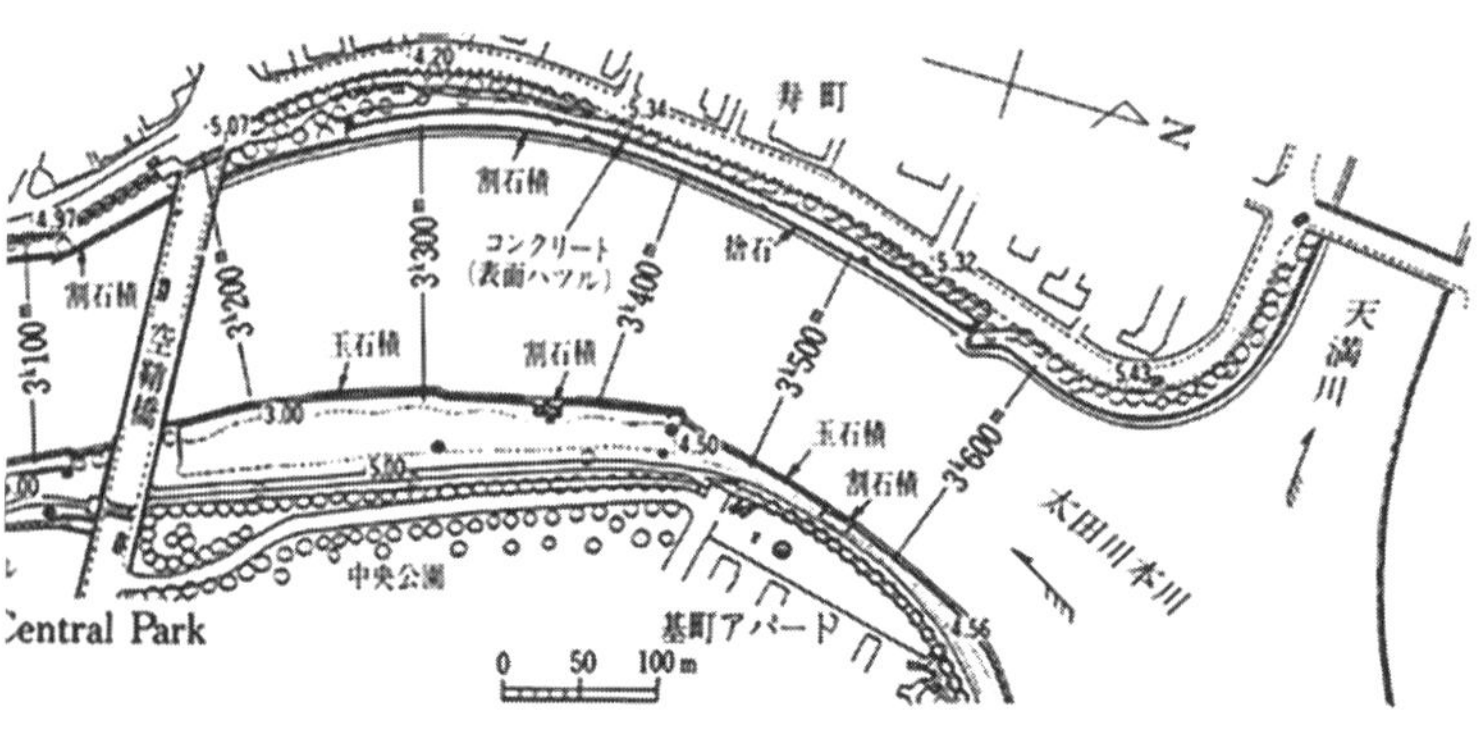

空鞘橋上流部の平面図

空鞘橋上流部は、下流部と違って山並みを望み、対岸の本願寺広島別院をはじめ寺町の屋並が望め、緩やかに屈曲する川の水裏側で、やや広い高水敷きができ、中央公園に隣接するあたりは川幅約２００ｍに広がり、のびのびとした場所である。そこで広々とした空間を活かし、ゆったりとして閑雅な山紫水明のイメージの景として、幅約50ｍ長さ約３００ｍの芝生広場を構想した。

・のり面のディテール

のびやかな空間にするために、横断面形状は高水堤防の天端の管理用道路６ｍ高から曲線でなめらかに擦り付けて１：25の勾配で緩やかに川側へ下り、低水護岸の２ｍ程度手前で50㎝の緩い段差１：４を設け、そこから３ｍ高へ繋げた。この横断面形状の天端からの長い凹型のグレーディングは必ずしも曲線がきれいに出ていないが、伸びやかな芝の傾斜地となっている。低水護岸の天端近くでは、１ｍ程度の間を歩行者が散策するルートと考え、そこから少し引きを取って、座って眺める場所とした。これにより全面に芝生を植えて、低水護岸から高水堤防までが連続した広場に感じられることを意図した。空鞘橋から上流側約３００ｍの区間までは比較的広い空間ができ、動的な多様な活動のできる連続する自由広場となる。空鞘橋下流側が、散策や休息するといった流動と静止の空間で、聖なる原爆ドームや平和記念公園と結ぶ都心的な空間のイメージに対して、ここは都市の活動的自由広場としてのイメージのデザインになっている。下流から上流への縦断勾配は３ｋ２００ｍの３ｍ高から３００ｍ上流側のポプラのあたりで４・５ｍ高へと緩やかに擦り付けられており、堤防から川側へと上流から下流へと緩やかな勾配となっている。

ポプラから上流へ３ｋ６００ｍぐらいまでは、川幅が狭く高水敷きがとれない区

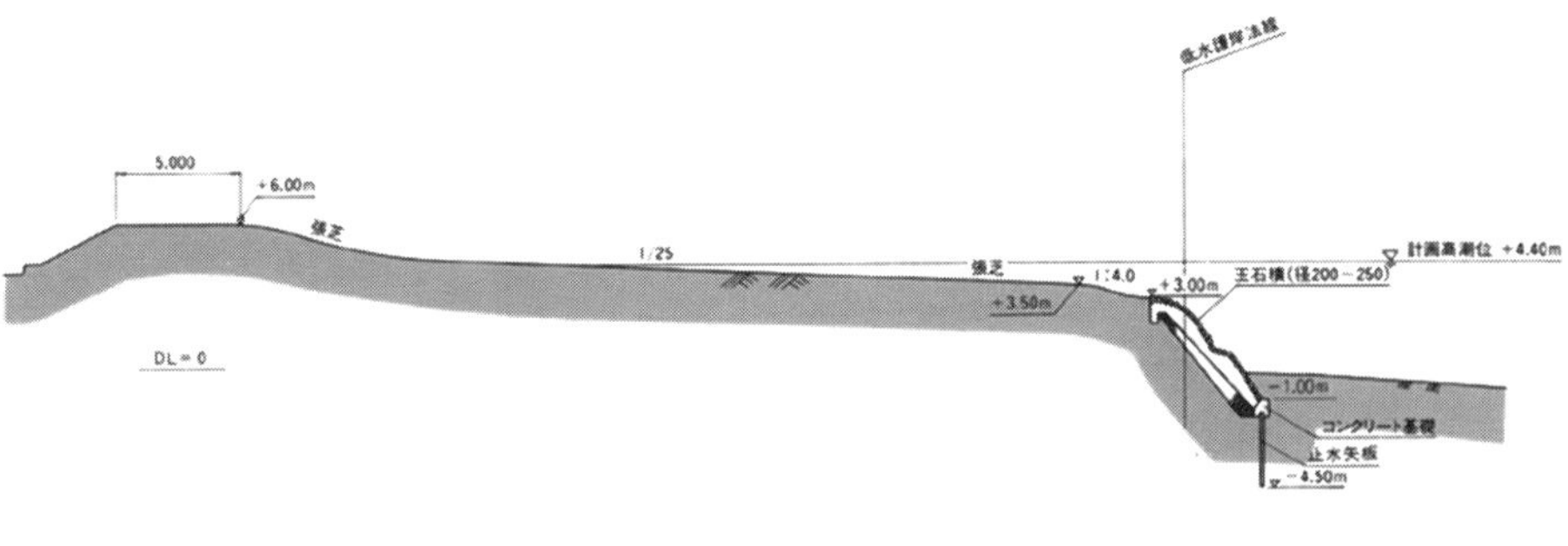

空鞘橋上流部左岸標準横断面図
（基町環境護岸パンフレット）

間であるが、その上流部の基町団地から長寿園あたりまでは再びやや広い高水敷がとれる区間である。この区間でも水面からかなり高さがあるが玉石護岸を連続させて、一か所階段工を設けている。さらに上流部にはその後広島城の堀の浄化用水の取り入れ水門ができている。

・低水護岸

低水護岸は、できるだけ広く高水敷を確保するために小段テラスは設けず、下流から続く玉石張りの曲線護岸のイメージを持たせた。また低水護岸法線の平面形状は曲線を用いて、この場ののびやかな雰囲気に合わせている。空鞘橋下流部では高さが河床から2m程度で1：0・8（8分）の勾配であるが、空鞘橋上流側は河床から3m程度に高くなるので、勾配は1：0・6（6分）とやや緩くし、半分の高さのところに小さな段を設けて、落ちた時などに護岸につかまって昇りやすくするとともに、護岸上から覗き込んだ時に安心感のある形で降りるには不安を覚える微妙な形となるように意図して設計した。また、300m区間を同じ護岸で連続させると単調になるので、2か所に階段護岸を設け、その間に1か所、屈曲した個所を設けて分節化させた。上流側に残したポプラのところは樹木の根の高さを変えないように緩やかに接続すると若干地盤が高くなるので、さらに上流へ接続するために護岸に水制工のような突起する形状のデザインをした。

空鞘橋と護岸の関係は、下流側と同じように橋梁の橋台へは割石積みの石垣を接続させた。高水敷は緩やかな勾配で接続し、橋台の石積みが上流の広場から三角形に見える。後に空鞘橋にアンダーパスが設けられ、上下流が接続された。これにより上下流の歩行者の連続性は著しく改善された。

空鞘橋上流部左岸全景

玉石張りの低水護岸

・階段工

階段は、丸みを帯びた曲面の低水護岸に直接接続させると収まりが良くないので、いったん石垣の平面を設けてそこに低水護岸を擦り付け、階段は直角方向に平面の石垣に接続させた。空鞘橋近くの階段は石垣を直立に近い勾配で取り付け、上流側階段は平面の石垣の天端に小広場を石張りで設け、石垣の護岸は勾配を緩くして階段を取り付けた。いずれも石垣に対して階段の位置は中央ではなくわずかに下流側か上流側に振って非対称にしている。また天端には小さなベンチになるような切込みを設けた。降りた川底には2m程度の幅でコンクリートを打ってあり、川底の泥に足がはまらないようになっているが、泥はたまらず砂地でその心配はなかった。雁木階段と小テラスの組み合せは、低水部の試案モデルであり、その後の相生橋下流部の元安川のテラスの原型である。

ポプラの上流側の階段は、高水敷の土地が狭いので、芝生の連続斜面になり、途中に転石を椅子代わりに置き、曲線の低水護岸の下の段に平面の石垣を設けて階段を設置している。

・ポプラとニセアカシア

ポプラは、河川の屈曲点にあり、すぐれたランドマークとなる景観的効果を発揮した。ポプラと護岸の写真は、広島市の多くの冊子やパンフレットに掲載された。管理用道路は、通りに名称をつける市民の委員会で、「ポップラ通り」という名称がつけられた。ニセアカシアはそれほどではないが、こちらもファンがついて空間のシンボルとなっている。堤外地の高木については、台風時の倒木により堤防の破壊の恐れや、流木となり橋などで河川を閉鎖するなどの懸念から、当時は植栽が禁

小テラスの階段工

管理用道路

止されていたが、後日河川の植樹基準が緩和されて、流水への影響が少なく樹木が低密度であれば可能となっている。河川の樹木は何より自然であり、シンボルであり、快適な緑陰を提供する存在である。

⑥隣接空間との接合

空鞘橋下流では隣接して中央公園の屋外プールが、道路を隔てて広島市こども文化科学館が、また自由広場などがある。公園にはアリーナや屋内プール、美術館、市民球場（今は移転して跡地）、ホテル、バスセンターなどの施設が集積しているが施設間は車道を巡らせて隔てられており、川や施設間の一体感が失われている。

空鞘橋上流側も中央公園とは間に車道があり、河川と公園が隔てられている。空鞘橋東詰めのわずかな空間があったが、そこには中国庭園ができ、分離されてしまっている。ポプラより上流側で隣接する基町団地は、川との境界には車道がなく、団地の庭のように直接堤防と結びついている。団地より小高い堤防には団地の庭から階段やスロープで接続されているので安全で使いやすい。

かつて川と一体となった公園計画があったが、現実には、空鞘橋上下流の中央公園は、川と離れた設計が続いていて誠に残念である。河川は子供にとっては危険な面もあり、どのようにつなぐかは難しい面もあるのかもしれない。しかし、実際に行けるようにつなぐということと景観的に結びつけるということは分けて考えられれば良いと思われる。一方で市内の京橋川や元安川では護岸の天端にはオープンカフェや飲食店などが続々とつくられるようになってきている。

中村先生ドラフトスケッチ図

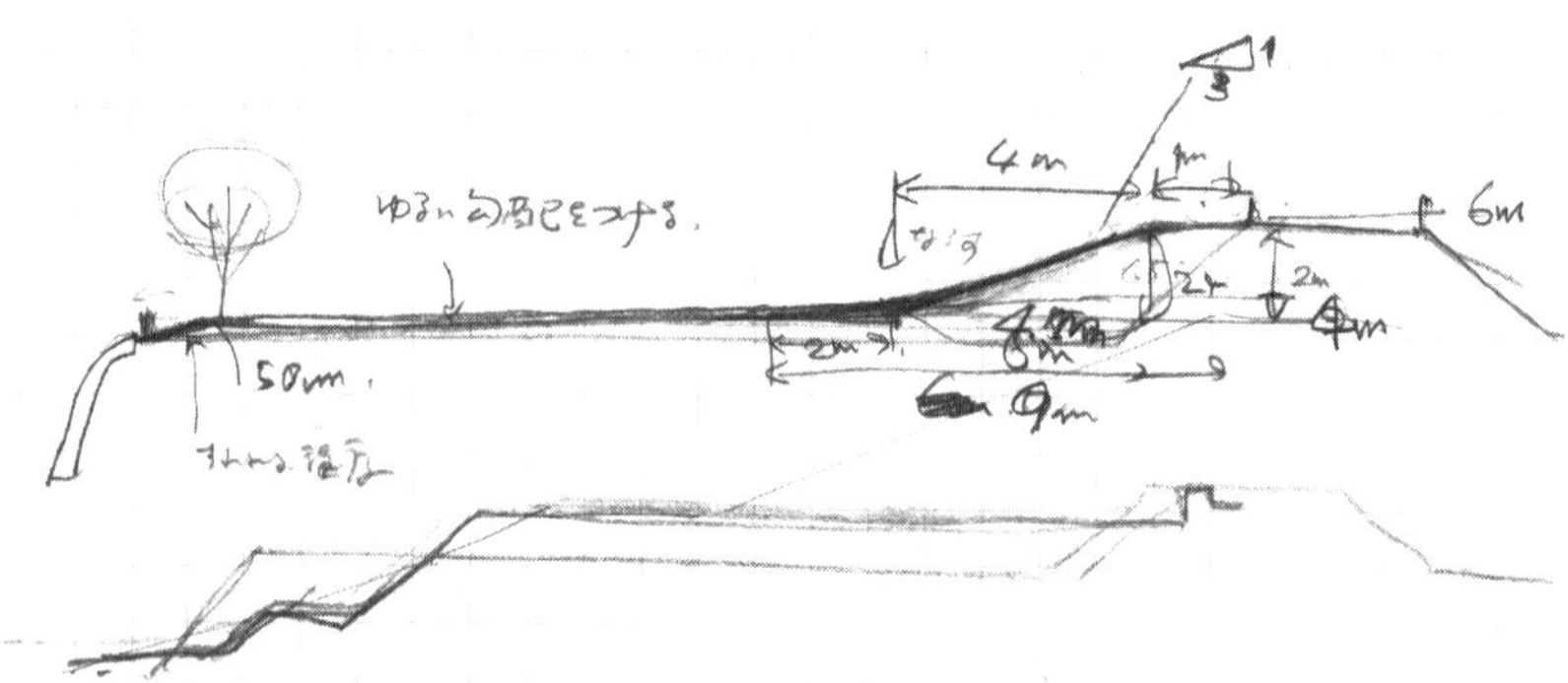

(2) 太田川河岸テラスのデザイン

太田川基町護岸の設計後、東工大中村研究室と太田川との関わりは小休止状態となる。しかし、水辺空間整備に関する中村研究室での研究、実践が停止していたわけではない。中村研究室を出た岡田一天が入社した株式会社アイ・エヌ・エー新土木研究所（現、株式会社クレアリア）の多摩川兵庫島周辺地区の景観整備のプロジェクトを中心に、次なるステージに向けて、腕を磨いていた時代といえる。そしてその成果が、太田川河岸テラスのデザインとして結実することになる。

ここでは、この辺りの状況を多摩川兵庫島周辺地区プロジェクトの仕掛け人でもあり、昭和六〇年（一九八五）から始まった中村研究室での太田川の河岸テラスのデザイン検討の時には、研究員として中村研究室に足繁く出入りし、デザイン検討の様子を間近で見ていた岡田が記述する。これは、岡田が従軍記者の眼で記録した観戦記である。

河岸テラスの整備は、昭和五九年（一九八四）の太田川市内派川の護岸改修にあたり、河床付近に魚を眺めるテラスを造りたいという意向から出発している。このような事務所の意向から、中村良夫研究室にその具体化に向けたデザイン検討が依頼される。

いつ、どのようなかたちで依頼されたのかの詳細については記録等が無いため定かではない。

手元には、昭和六〇年（一九八五）一二月九日付けの、中村研究室から太田川工事事務所に提出した手書きのレポートが残っており、そこで提案された元安川河岸テラス1号は、昭和六一年（一九八六）三月に竣工していることから、昭和六〇年

（一九八五）に依頼があり、研究室でのデザイン検討が始まったのは間違いない。テラスデザインに向けてのディスカッションは、テラスデザインの*プロジェクトチームを中心に、研究室の他のメンバーも交えながら、時には中村先生も加わりながら行われた。

もちろん現地にも何度か足を運んだ。研究室の先輩達が造った基町護岸も見ておきたかった。加えて、太田川という川がどんな川なのか、そして、太田川と広島のまちはどのような関わりを持っているのか。事前の資料サーベイは当然としても、どうしても自分達の眼でみ、実感しておく必要があった。

太田川と広島のまちはとても刺激的だった。歴史的な雁木は素晴らしかった。平和公園の河岸にフェンスが無いのにも驚かされた。こんな川とまちのプロジェクトに関わることのできる喜びと責任をあらためて全員が強く感じていた。

＊プロジェクトチームの主なメンバーは、斎藤潮（助手：一九八三年修士卒）、前田文章（修士一年：一九八七年修士卒）、後藤和生（修士一年：一九八七年修士卒）、小野寺康（学部四年：一九八八年修士卒）、それに受託研究員として在籍していた岡田一天。翌年になるとそれぞれが進学し、吉村美毅（一九八九年修士卒）が学部四年生として加わる、といった状況であった。

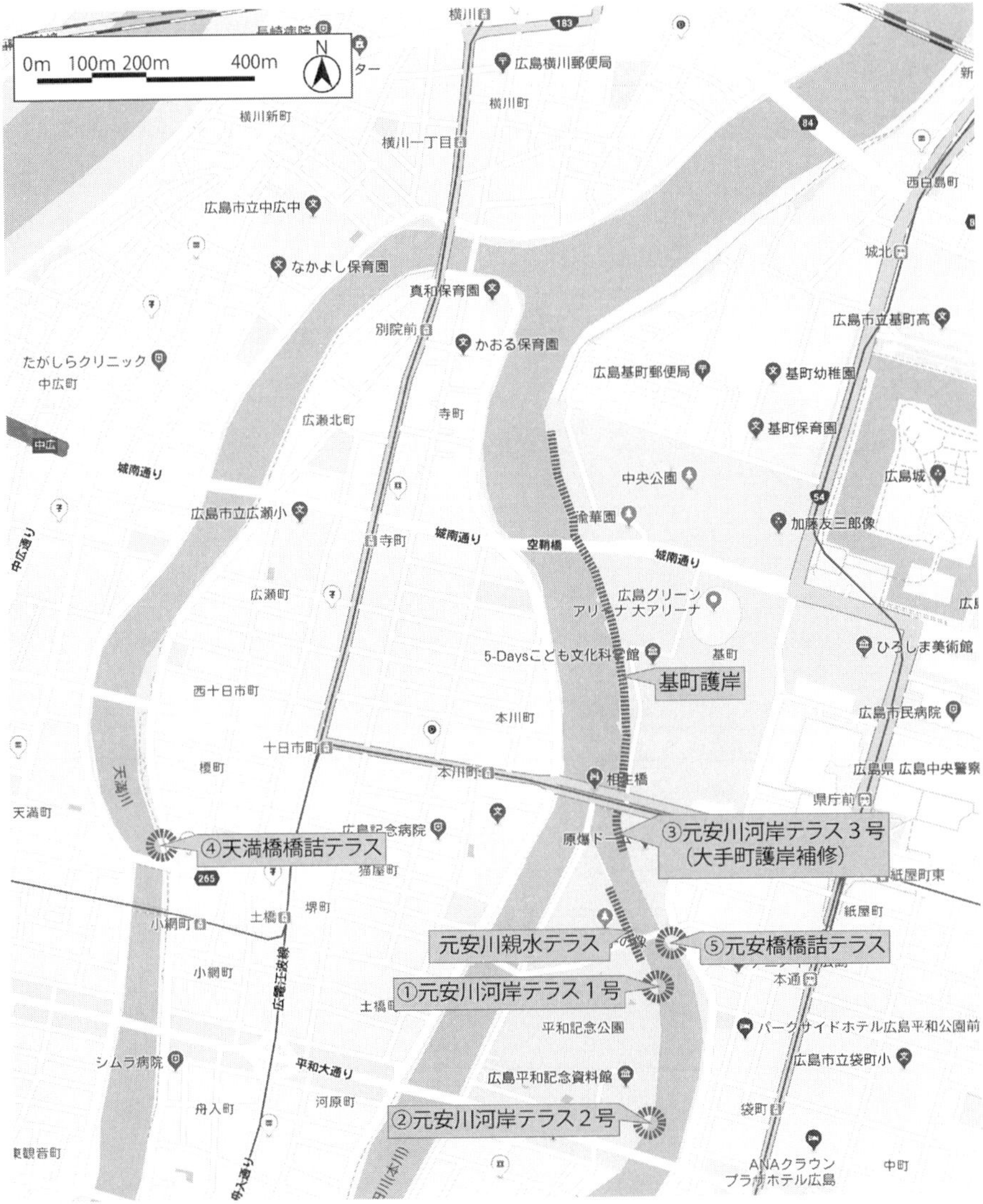

河岸テラス全体位置図（Googleマップをベースに作成）

(1)元安川河岸テラス1号（元安橋下流右岸・平和記念公園前：一九八六年三月竣工）

元安川河岸テラス1号は、太田川における河岸テラスの最初の検討であり、河岸テラスのプロトタイプと位置づけられる。

先ず検討が加えられたのは、川と公園との関係性、そしてその中におけるテラスの役割である。現状で、公園から川底まで階段が降りているが、ただそれだけである。川底まで行けるのはわかるが、心理的に行きたいと感じない。景観設計では〝here-there〟（こちらとむこう）という概念をよく用いる。階段があるだけの川と公園との関係はまさに、この〝here-there〟であった。川に行きたいと思わせるにはどうすればよいか。テラスはその間にあって〝next here〟としての存在であると考えられた。テラスを設けることで川と公園との関係を〝here-next here-there〟に組み替えるのである。テラスにはこのような役割を期待した。

具体のデザインについても、この役割を強く意識した。設置場所の条件からも比較的シンプルな形状となっているが、そこには一連の河岸テラスの造形にも引き継がれる基本的な造形が見られる。そのひとつが、河岸テラスの平面形状のわずかな膨らみである。直線だと錯覚により痩せて見える（逆に引っ込んで見える）ことから、わずかに曲線を入れて膨らませるデザインである。

もちろんこれ以外にも様々なデザイン上のこだわりが凝縮されている。笠石のおさまり、テラスから川原に下りる階段部の素材や仕上げのディテールなどである。

河岸テラス1号

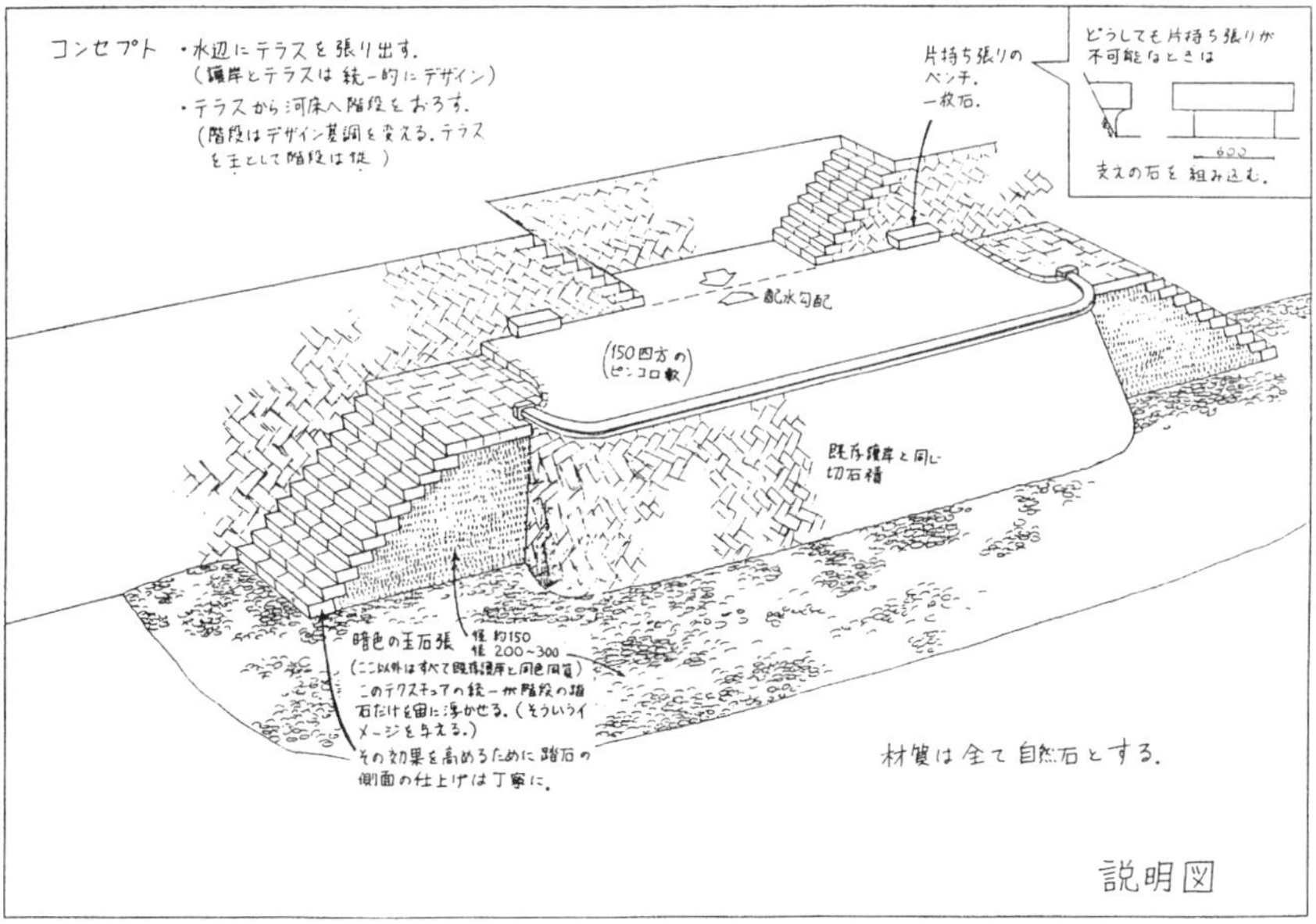

元安川河岸テラス1号のデザインコンセプト（小野寺康作画）

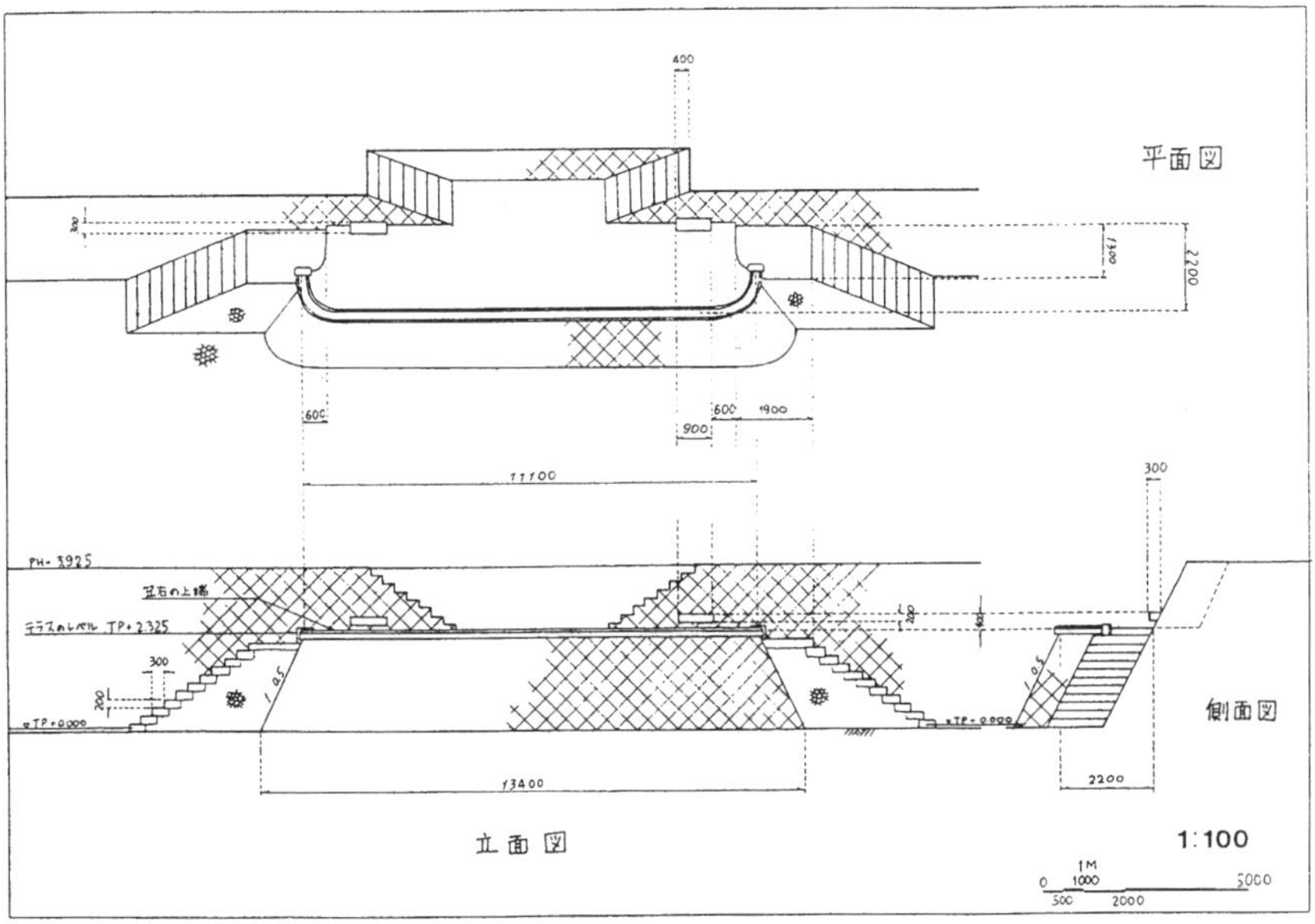

元安川河岸テラス1号の平面図・立面図（小野寺康作画）

⑵元安川河岸テラス2号（平和大橋上流右岸・平和記念公園前：一九八七年三月竣工）

一九八六年三月に竣工した河岸テラス1号が評価され、その下流にテラス2号が計画されることになる。しかし、1号テラスのように既存護岸に張り出してテラスを設置するということができなかったため、対象箇所の護岸を全体にセットバックさせた上で同様のテラスを設ける形となっている。小野寺の記憶によれば、既存護岸に張り出す形状の1号テラスに対して、川幅が狭くなり流速が大きくなるので魚が減る、と漁組からクレームがついたための措置である。

いずれにしろ、護岸をセットバックして、背後の公園敷地を積極的に取り込んだデザインがなされているが、これについては、公園を管理する広島市も同意のもとにデザインが行われている。

先のテラス1号の基調を踏まえた上で、護岸肩部にあった既存の桜の木を取り込んだ、より建築的なデザインが試みられている。桜の木の下から両側に開くテラスに至る階段、さらにテラスから川底に至る階段、これらの要素が互いに関係し合い、それらがまとまってひとつの河岸テラス空間を構成している。設計密度の濃い記念碑的デザインである。中村はこのテラスを称して、〝terrace with a cherry tree〟と名づけている。

河岸テラス2号

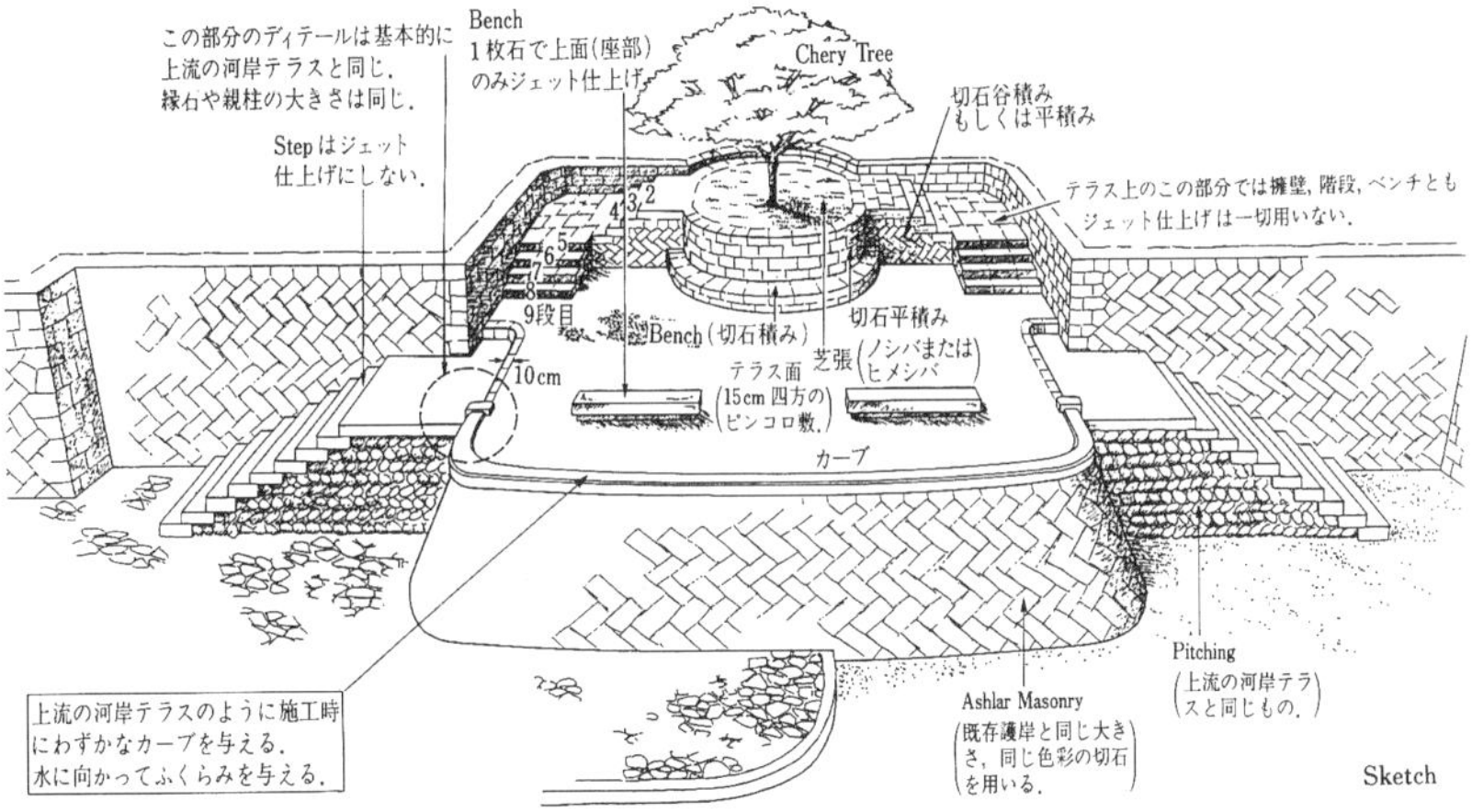

元安川河岸テラス2号のデザインコンセプト（小野寺康作画）

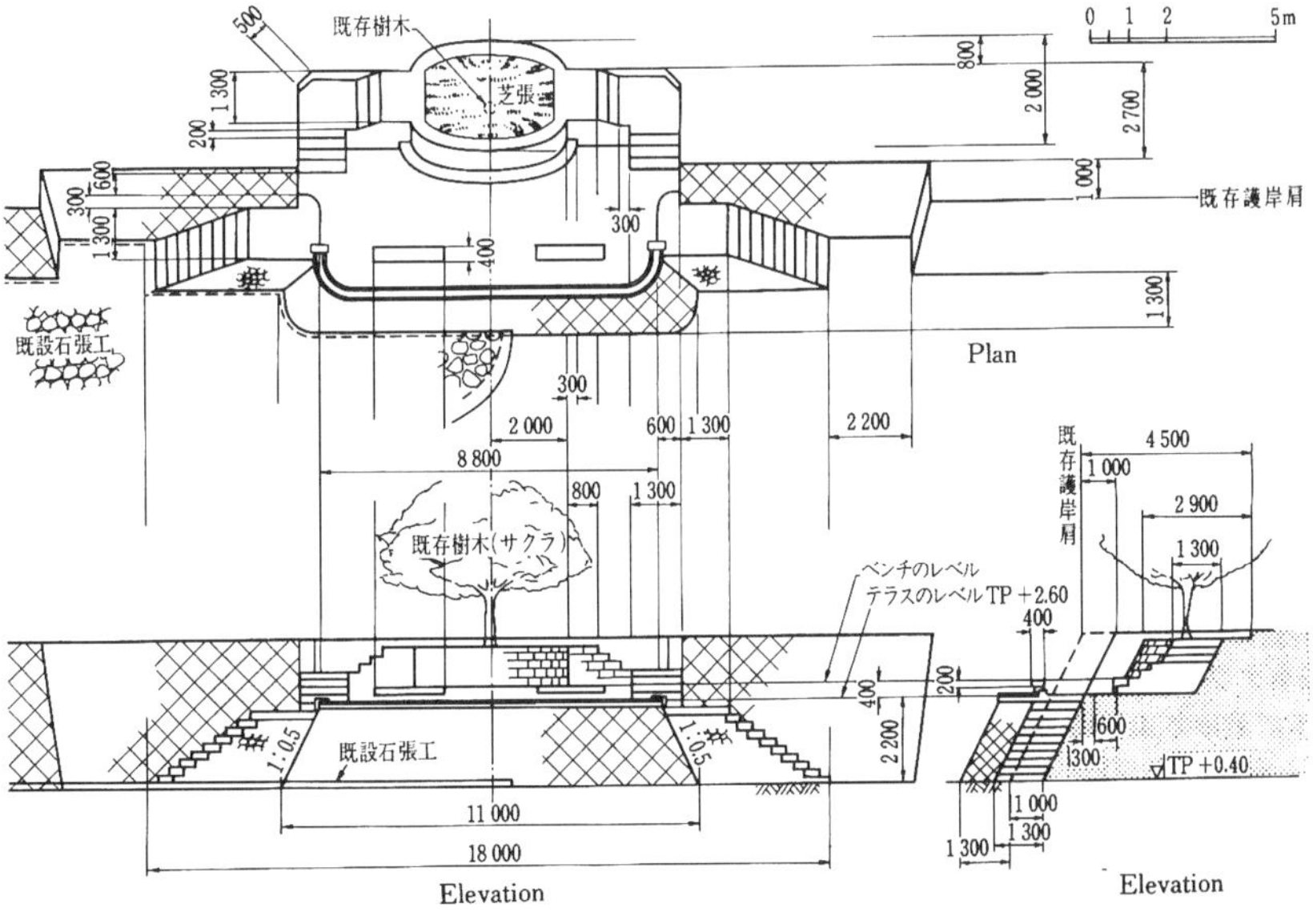

元安川河岸テラス2号の平面図・立面図（小野寺康作画）

⑶元安川河岸テラス3号（相生橋下流左岸・原爆ドーム前：一九八七年三月竣工）

元安川河岸テラス3号は、先の河岸テラス2号と同時期にデザイン検討がなされている。

検討に着手した段階では、大手町護岸補修として、原爆ドームの真ん前にある階段工の直下流まで、既設護岸の前面に新しい補修護岸を腹付けする改修が進んできていた。そのため、デザイン検討の当初では、この原爆ドーム前の階段工の補修のあり方についても議論がなされた。しかし、この既存階段工は、階段の下部が護岸面より突出し、その両サイドに丸みを持った何とも味わいのある袖押さえの石組みがあることから、既存階段工はそのまま残すことが最良との判断を下した。結果、既存階段工の上流側に河岸テラスを設け、既存階段工との間を「州浜」でつなぎ、併せて、州浜の区間の護岸肩を2箇所切り崩し「バルコニー」を設けるというデザイン案が作成され、事務所に提出された（一九八六年九月一二日）。「州浜」というデザインボキャブラリーを提示するなど、中村研究室らしい、巧みなデザインであると評価したい。

このテラスのデザインについては、興味深いエピソードがある。

ひとつは、灯籠の設置である。九月一二日段階のレポートでは無かった灯籠を中村先生自らが手書きで書き入れた図面が残っている。レポート提出後、研究室メンバーが中村先生に確認を求めたミーティングの席で、テラスの一画に灯籠を据えてはどうかと言われた。

中村先生の意見に対して「灯籠ですか」と聞き返し、ミーティング終了後、メンバーでその意図を推し量り、あーでもない、こうでもないと議論した。

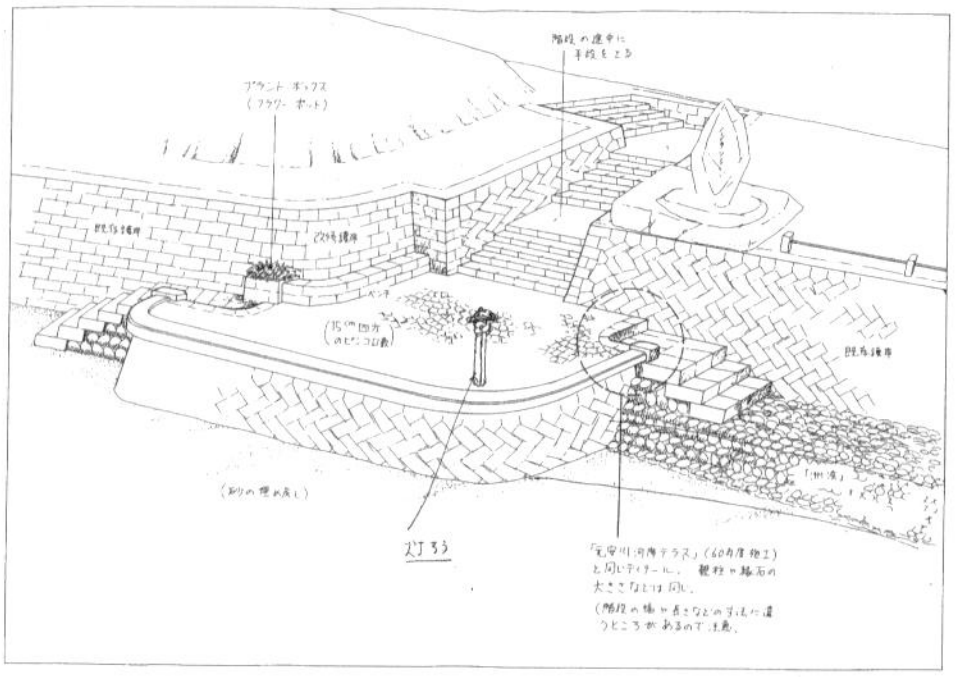

中村先生が手書きで書き入れた灯籠の図

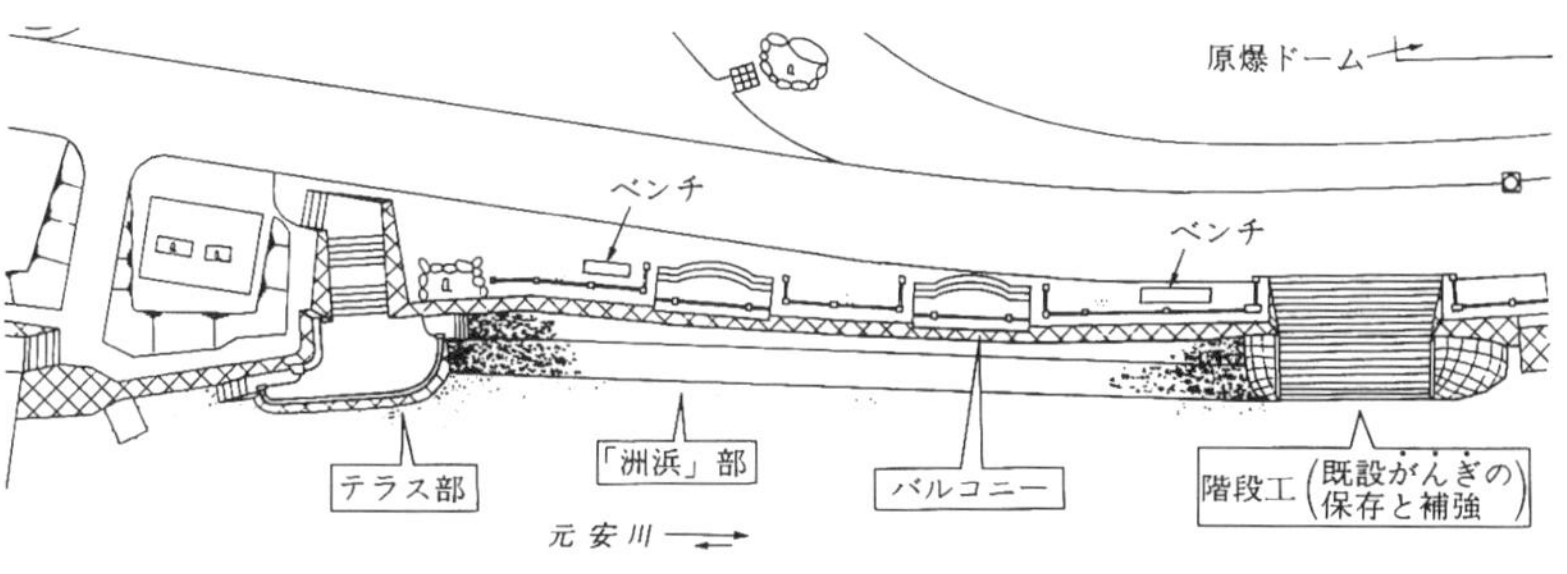

元安川原爆ドーム前テラス全体平面図（小野寺康作画）

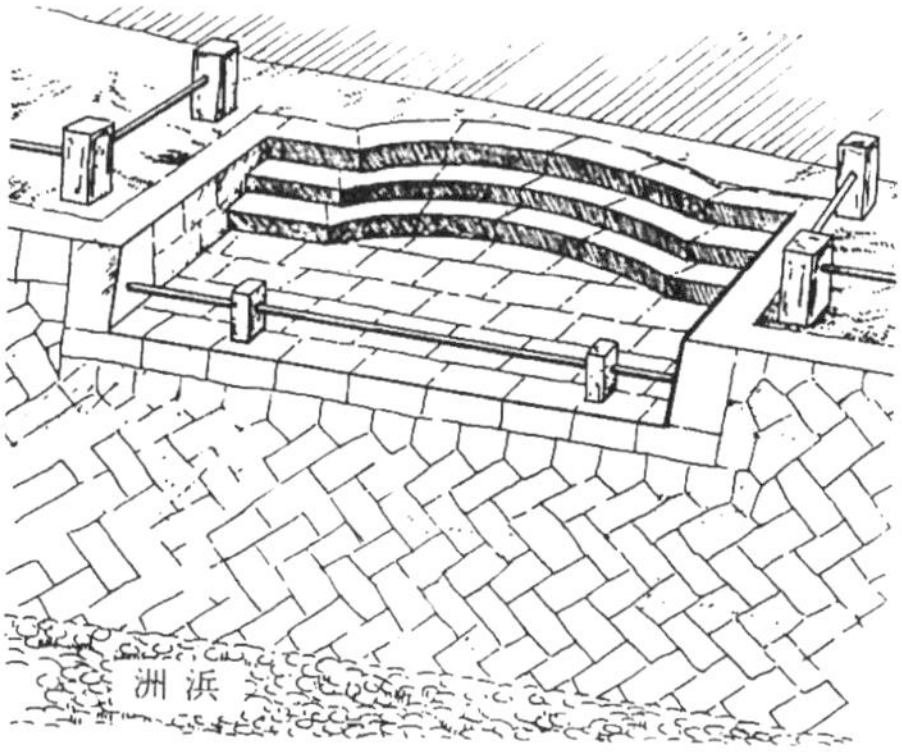

天端バルコニー透視図（小野寺康作画）

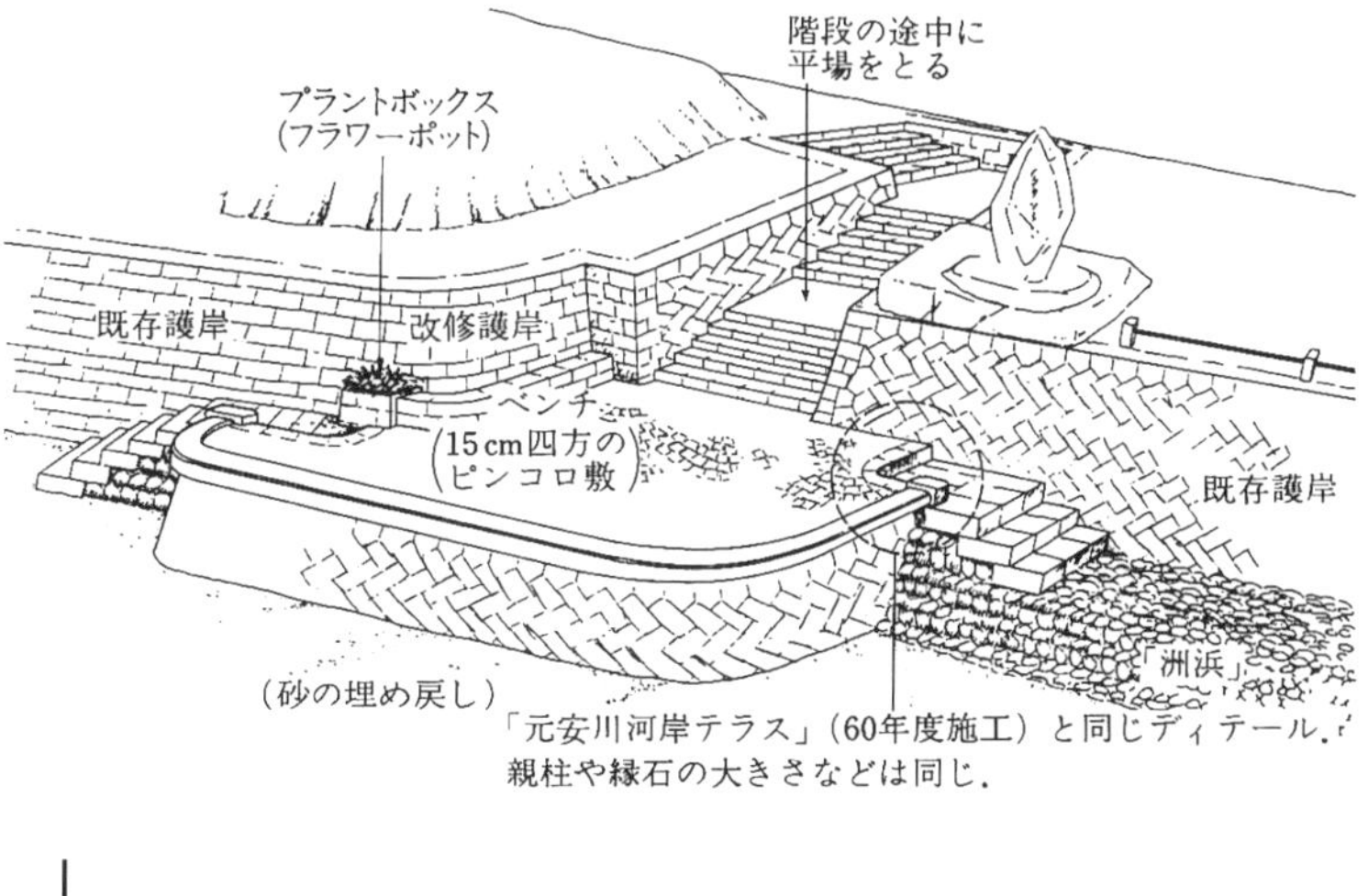

根固めテラス（魚見台）透視図（小野寺康作画）

原爆ドームの前の階段工は原爆投下の慰霊の日に灯籠流しが行われる場所であった。新しく整備されるテラスと州浜も灯籠流しの場所として使われることを想定していた。「中村先生は、この鎮魂の思いを、灯籠流しが行われるその日だけではなく、毎日の風景の中でも感じて欲しい、そうあるべきだと考えている」というのがメンバーの推し量った結論であった。このこととも密接に関わるのであろう、テラスの平面形状は角を丸めた柔らかい形状から角型の形状にすること、5分勾配の石積みを3分勾配に立て、加えて寺勾配にする修正が加えられた。中村先生の頭の中には、この場所に置かれた5分勾配の石積みテラスが見えていて、5分勾配ではややだらしない印象になることが予見できていたのだと思う。

二つ目は、「魚見台」という名称付けである。中村先生はこのテラスに「魚見台」という名前を付けることをデザインの一環として加えるようにアドバイスした。名付けをデザイン行為のひとつとする中村先生の考えはこのときに確信されたのだと思う。

原爆ドーム前の階段での灯籠流し（一九八六年）

原爆ドーム前テラスの全景

「魚見台」の名を記した石柱

中村先生がこだわった灯籠

⑷天満橋橋詰テラス（天満橋上流左岸：一九八八竣工）

天満橋橋詰テラスは、昭和六二年（一九八七）にデザイン検討を行い、翌昭和六三年の竣工である。天満橋橋詰テラスについては情報・資料が少ない。

河岸テラス1号、2号、3号が竣工した後の一九八七年度にデザイン検討が始まっていることを考えあわせると、1号、2号、3号とは別に中村研究室に依頼が来たのだろうと思う。そして恐らく、当時研究室助手であった斎藤潮がデザイン案を作成したと推察する。斎藤氏に尋ねてみたところ、記憶は曖昧であるが、そうであったろうとの話であった

天満橋橋詰テラスの出来上がった姿をみてみると、設計条件がどうであったかなどの詳細は分からないが、橋詰めテラスということもあり、河岸テラス1号、2号とは少し趣の異なるデザインが見えてくる。

小さいながら芝の斜面とその中に階段が組み込まれており、これがデザイン上のポイントとなっている。芝斜面と階段にいかにも斎藤氏らしい心配りが施されている。

階段状テラスに身に置いてみると視線がおのずと対岸の山並みに導かれる。山並みといってもそんなに際立った山並みではない。少し目に付くのが大茶臼山（四一三・〇m）である。ここでは、橋詰めの視点場から、地域の何気ない小さな山を眺めること（見えること）が期待されているのである。

斎藤氏は、後日このテラスの整備に関して、*広島でのシンポジウムで「こうした試みと連動して、山裾に絡んでくる建物が、あまりにも無遠慮に山々を覆い隠してしまわないような、そんな対策が講じられていってくれればと願っています。」と話している。

これも、都市を編集する川としての水辺のデザインである。

＊「ひろしま二〇四五ピース＆クリエイト」ファイナルシンポジウム一九九五・一一・三〇空間デザインのための風景学

整備された天満橋橋詰テラス（一九八八年当時）

整備された当時のテラスからの対岸の山並みの眺め

天満橋橋詰テラスについては、整備後一度だけ現地を見に行ったことがある。広島には訪れる機会も多いのだが、基町地区から少し離れていることもあり、それ以来出向くことが無かった。この原稿を書くにあたり、もう一度橋詰テラスを見ておきたいと思い、二〇一九年の三月、久々に現地を訪れた。

天満川上流部では高潮工事が行われているようで、橋詰テラスの場所でも、嵩上げのためのパラペットが新たに作られていた。パラペットにより橋詰からのアクセスは閉ざされていたが、それでも少し遠回りになるが、芝の斜面に身を置くことはできる。斎藤氏が願った対岸の山並みは、建物群の間にかろうじてみえていた。

(5)元安橋橋詰テラス（元安橋下流左岸：一九九一年竣工）（小野寺康／アプル）

元安橋橋詰テラスは先の4つのテラスとはやや異なる経緯で整備がなされた。

平成三年（一九九一）、広島市が、被爆した元安橋の全面改修整備、リニューアルを計画し、太田川工事事務所ではこれに合わせて、元安橋橋詰め護岸の改修計画（遊覧船リバークルーズの発着場整備も含む）を計画した。

事務所から計画案の確認を求められた中村先生は、一部工事に着手していた段階であったが設計変更を求めた。そして、修士を終えた小野寺康が当時在職していた株式会社アプル総合計画事務所が工事段階での変更設計を中村先生の指導の下で行った。リバークルーズ乗船場の斜路、階段、広場等のデザインにあたって、隣接する広島市の公園、橋の修景との調整が実施されている。竣工後には、広場での仮設リバーカフェ（オクタゴン）を経て、今では本格的なレストランカフェがオープンしている（河川法による河川利用特例措置適用区域）。

テラスからの対岸の眺め（二〇一九年）

学生時代に中村研究室で景観デザインを学び、太田川の河岸テラスのデザインも作成し、既に相応の実務経験を有していた小野寺康の手腕が発揮されている水辺の小品の傑作であると思う。このテラスについては、*小野寺氏自らが設計コンセプトなどを書き記したレポートがあるので、それを紹介しておきたい。

*シビックデザイン・ワークショップ資料（一九九二年四月）

《コンセプト》

建設省・広島県・広島市による『水の都整備構想』では、この元安橋橋詰付近を、「聖域としてふさわしい空間（河岸緑地等のデザイン）」に位置づけている。原爆ドームは反戦を象徴する聖堂であり、ドームと平和記念公園のこの周辺は、いわば聖域である。整備対象はそのなかでの重要な結節点と位置づけられる。ドームと公園をつなぐルートは大きくは2つであり、ひとつは相生橋で、もうひとつはこの元安橋経由である。

この場所の意味づけを考慮するとき、〝聖域〟としてのあり方が重要である。日本の聖域である神社や寺院には、「参道」の形式として、〝男坂・女坂〟という2つのルートの併存が特徴的だが、この考え方は、〝聖域〟としてのこの場所を解釈するのに有効と思われる。男坂は社寺建築物への直線的なルートであり、女坂はそこに迂回する曲線的なルートである。仮に相生橋を、「男坂」と見立てるとすると、元安橋のルートは「女坂」である。力強く男性的な表情の相生橋が、原爆ドームと公園を直線的に結び付けているとするなら、元安橋の川沿いに迂回するルートは、静かで落ち着いたゆるやかなルートとして対比的である。また「女坂」とした場合、曲線的で柔らかい水辺の表情がこの場所にふさわしいと思われる。元安橋じたいも、アールデコ的ながら高欄や支柱が曲線的で味わい深い形態であり、橋詰テラスが曲線的でやわらかい表

元安橋橋詰テラスのコンセプト概念図
（小野寺康作画）

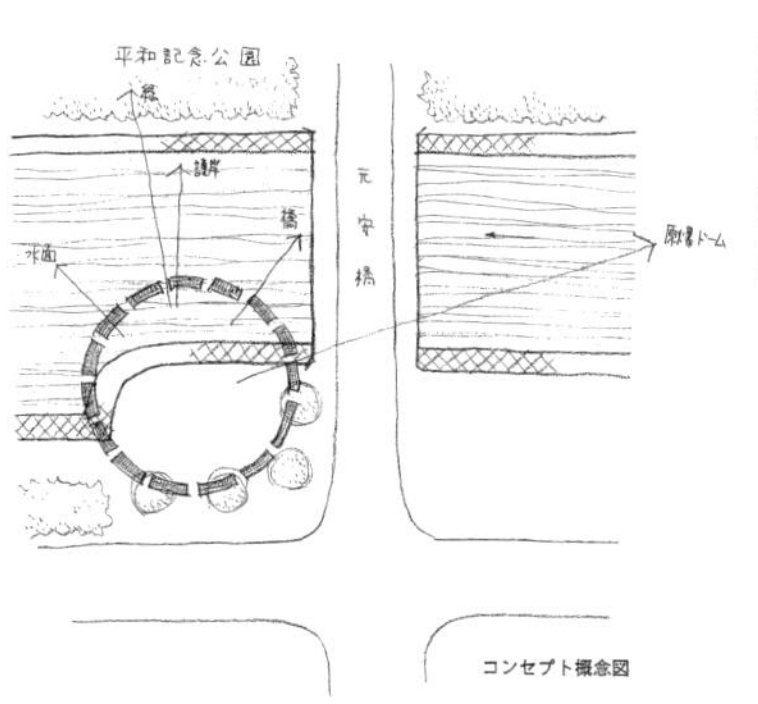

情となった場合、おたがい調和すると思われる。

（中略）

デザインの原型を、公園へ渡る袂にバルコニー空間が水辺に張り出し、水面が切り取られるかたちとする。この形は、橋や橋越しに原爆ドームを眺めるかたちとして最も機能的であり、また落ち着いた溜りのスペースを形成しやすい。張り出した水辺空間の背後に高木を配し、広場空間の領域をきめるとともに、緑陰を添える。これは、橋と一体になりながら落ち着いた、周囲を引き立てる水辺のかたちである。

デザインの基本方針についても同レポートから引用する。

《デザインの基本方針》

□水辺に張り出すバルコニーとしてシンプルな設計

元安川の情緒ある水辺景観に調和するよう、極力シンプルな設計とした。下流側に流れるような曲線ラインは水辺に張り出す形として、コンセプトにしたがうものであり、また元安橋の曲線的な造形に調和する。

□ポンツーンを小段に

人を水辺に導く親水テラスとして設計する。ついては、ポンツーンのとりつけを地盤レベルから小段先端に下ろした。したがって転落防止柵が必要になるが、せっかく小段に人が近づけるようにしても柵状のものが小段前面に連続しては景観的に問題である。そこでまず、ポンツーン取付け部付近で小段を広げて人々の滞留を受け入れる。そして小段先端に、護岸肩を踏み外してもとどまれるように小さな段差を設け、転落

元安橋橋詰テラスのコンセプトイメージ（小野寺康作画）

に対応するとともに、水際に人が座れることも考慮した。

□眺めのいい場所を静かな憩いの空間に

橋詰全体に眺めは良いが、なかでも橋に近い部分は、橋梁・対岸の緑と水面の三方を眺めるのに都合がいい。そこで地上レベルの水際付近に単独のベンチを2基、また小段部の奥に擁壁に連続するベンチを用意する。小段部については途中に2段の段差をつけることで、落ち着いて周囲の景観を眺める場所と、水際を歩く活動的な場所とをやわらかく区切ることを意図している。

□素材を活かしたデザイン

周囲は力強い風合いの谷積み雑割石護岸であり、さらに白・黄・赤の御影石が乱混在して趣深い雰囲気をつくりだしている。したがってテクスチュアについては、水面や橋梁を引き立てるうえでも、人工的な仕上げ（機械加工）より、手加工のざっくりした風合いを基本とし、周囲との調和を図る。

出来上がった形は、水辺に張り出すバルコニーという非常にシンプルな造形である。その中にあって河岸からバルコニーにいたる階段が特徴的である。階段は橋梁付近とポンツーン付近の二箇所に設置されているが、小野寺氏の言によれば「それぞれの場所性にあわせて形態を決める」としている。具体には、橋梁側の階段は「橋梁をよくみせるために護岸内に引っ込んだ階段とする」。ポンツーン側の階段は「遊覧船の乗降客のために復員を広くとり、動線を考慮して護岸から外に突き出し形状とした」となっている。空間がどう使われ、人がどう動くのか（動いてほしいのか）を考え、それをどう形に仕上げるのかがよくわかる。

先日、久しぶりにこの場所を訪れた。河岸の広場部にはレストランが常設されている。太田川クルーズは広島の新たな魅力として定着し、多くの人で賑わっていた。そして、そんな人の流れの中にあって、テラスの小段部の段差には人が腰を下ろして川を眺めている。自分はといえば、少し寒かったが、レストランのテラス席で葡萄のジュースを飲みながら、水辺のデザインが都市を編集するという感覚を味わい、この場を楽しんでいた。

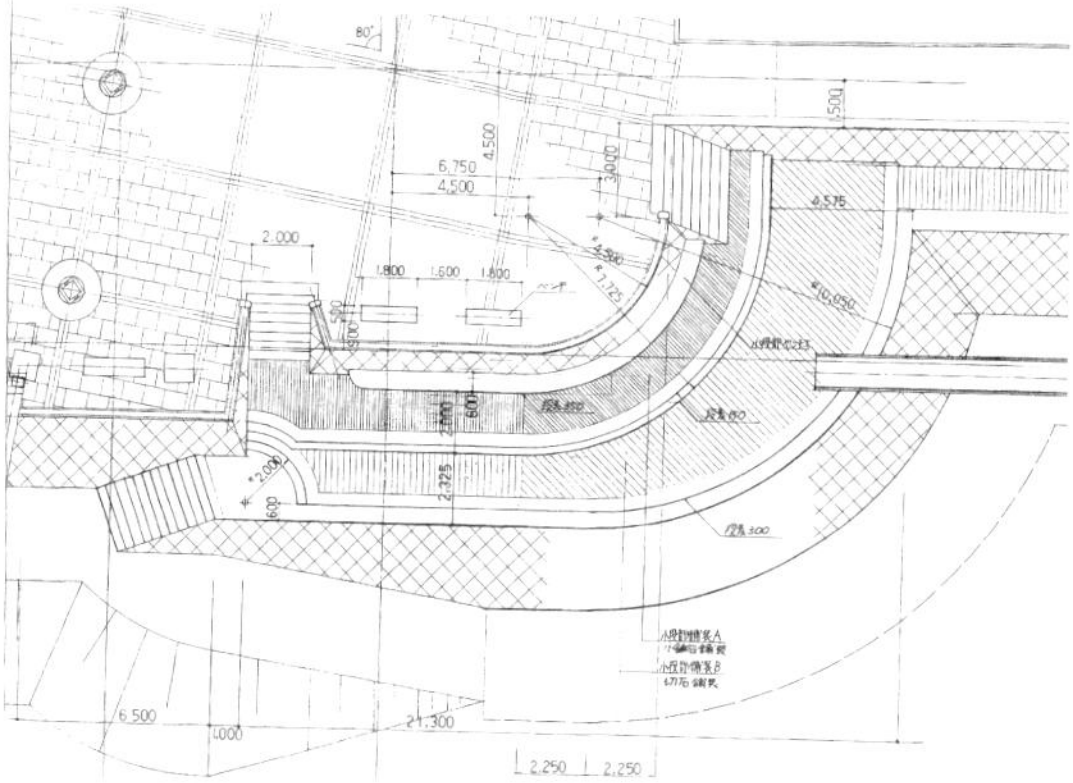

元安橋橋詰テラス計画平面図（小野寺康作画）

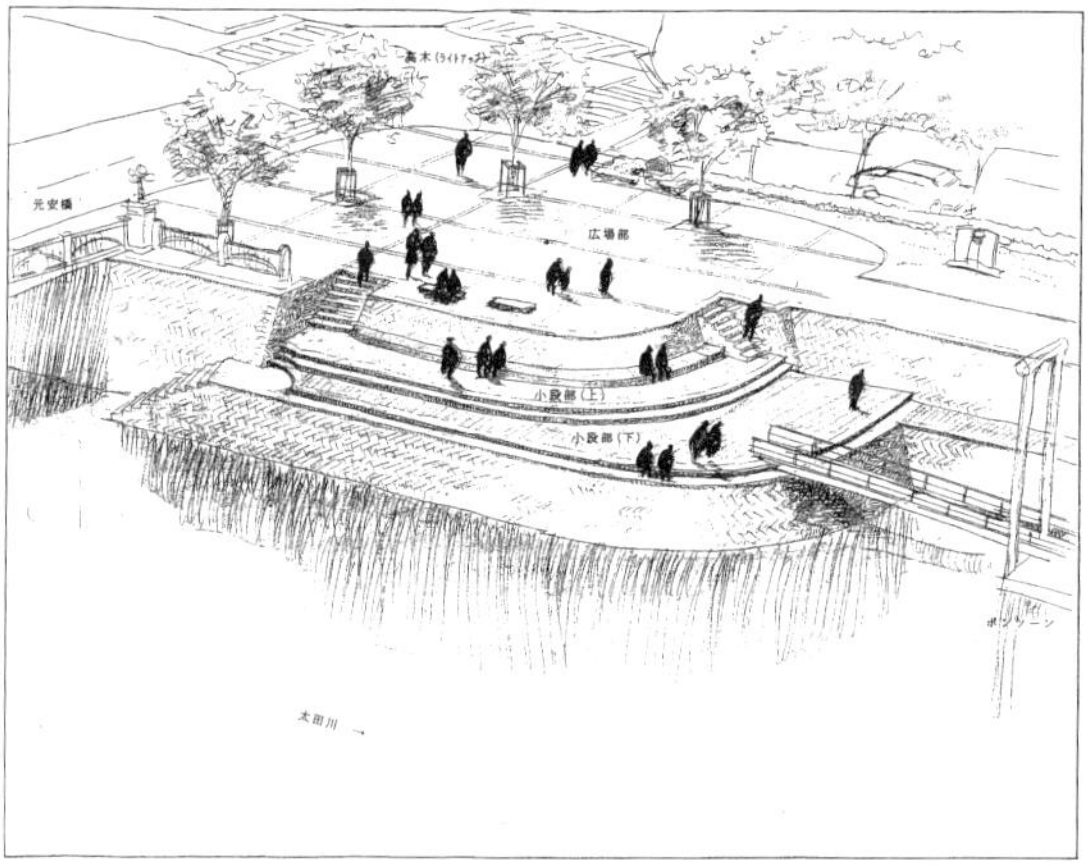

元安橋橋詰テラス整備イメージ（小野寺康作画）

⑹河岸テラス整備の意味

広島の太田川市内派川には〝雁木〟と呼ばれる大小さまざまな階段がいたるところにあった。かつては、瀬戸内海の大きな干満差に対応して船を係留するための施設として利用されていたが、船運がすたれてしまってからは、水辺に近づく階段としての機能はあるものの、階段を下りた先に何かがあるわけでもなく、積極的に利用されるわけでもなく、忘れ去られた施設となりつつあった。

河岸テラスは、環境根固めとしての機能も有するものであるが、川と都市・暮らしを結びつける要素として新しい意味づけを与えようとデザインを行ったものである。

プロトタイプとなった河岸テラス1号は、既存の階段の下段部にテラス形状の張り出しを設けただけの非常にシンプルな形状である。

しかし、そこにはデザイン担当者の様々な思いが凝縮している。既存の階段工にどうしたら新たな役割を与えられるかを考えた結果の下段部におけるテラスの設置である。つまり、ただ階段を下りて川原に行くだけではなく、途中に佇む場所を与えよう、そうすることで、そこが川や対岸の街並みを眺める場所になる。そうすれば、川原に降りる人だけでなく、川を眺めたい人にも利用してもらえる。そ

元安橋橋詰テラス

れが、川と都市・暮らしを結びつける最初の一歩になる、と考えたのである。

景観設計でいうところの視点場の設計である。視点場を設計するからには、視点場が居心地の良いものでなくてはならない。繰り返しは避けるが、笠石のおさまりや切石と玉石の使い分け、端部のおさまりなどのこだわりはそのためのデザインである。

河岸テラスの意味は、階段工に新たな役割を与えたことにあると考える。加えて、太田川市内派川のように、都市の中に幾筋もの水辺が面的に広がる広島の都市づくりにおいては、河岸テラスという共通のデザインコンセプトにもとづくエレメントをまちなかにちりばめることによって、まちのイメージを創りだすことにも寄与していると考える。

小さな河岸テラスであるが、実際にそこに身を置いてみるととても居心地が良い。気持ちよさそうに河岸テラスに佇んでいる人が居れば、それを眺めるのもまた楽しい。こうして、一つの小さい河岸テラス＝視点場の設計が、新しい「見る―見られる」関係を生み出し、まち全体が良好な「見る―見られる」の関係で埋め尽くされればと願っていた。

(3) 応用編：多摩川兵庫島周辺地区の水辺整備

多摩川兵庫島周辺地区の水辺整備に関する計画調査は、建設省京浜工事事務所からの委託により、岡田が在籍していた株式会社アイ・エヌ・エー新土木研究所が受託した業務である。

昭和五八年度（一九八三）に野川右岸地区、翌五九年度に多摩川左岸地区の環境護岸の計画、設計が実施された*。業務は岡田が主体となって行ったが、現場が東

「眺め」を誘発するテラスの風景

*「多摩川兵庫島周辺地区環境護岸計画調査（野川右岸）報告書」昭和59年1月

「多摩川兵庫島周辺地区環境護岸計画調査（多摩川左岸）報告書」昭和60年3月

工大から近いこともあり、中村良夫先生に総合アドバイスをいただきながら、中村研究室と共同で景観調査、景観デザインの検討を行った＊。

東工大から電車で15分程度の現場には研究室のメンバーが足繁く通い、河川デザインの現場を前に熱心に議論を戦わせた。特に、野川右岸の工事が始まってからは、初めて間近に接する施工現場は様々なことを体験できる現場の研究室として機能していた。また竣工後は、研究室の事後評価研究の舞台としても活用された。

兵庫島周辺地区は、多摩川とその支川の野川との合流部付近である。野川から流れ出す土砂の堆積により生まれた兵庫島という小高い丘が存在し、独特の河川風景を創り出している。

整備にあたって、対象地区の整備の基本イメージを設定した。基本イメージは具体的な空間デザインの方針としてはきわめて大まかなものであるが、具体的な形態に関する表現となっていないことが、かえって場の雰囲気やイメージとの調和や整合を考える上では都合が良いのである。多摩川の整備イメージとして設定したのは『大』『陽』『動』、野川は『小』『陽』『動』である。基本イメージはあくまでも場に応じた景観設計を考える上での基本であり、具体の形のデザインが、風景全体としてみた場合に〝場ちがい〟なものとなってしまうことを避けるための予防線のようなものである。

多摩川左岸のデザインで意識したのは、護岸はあくまでも地の存在であり、当該地区の大きな特徴である砂礫の河原の中に溶け込ませたいということである。しかしその一方で、見栄えのする〝カッコいい〟護岸をデザインしたいという自己主張の欲求もあった。そのせめぎあいからたどり着いたのが、砂礫系河川の河岸に見ら

＊当時のこのプロジェクトに関わった中村研究室の主なメンバーは、斉藤潮（助手）、前田文章（一九八七修士卒）、後藤和生（一九八七修士卒）、小野寺康（一九八八修士卒）であった。

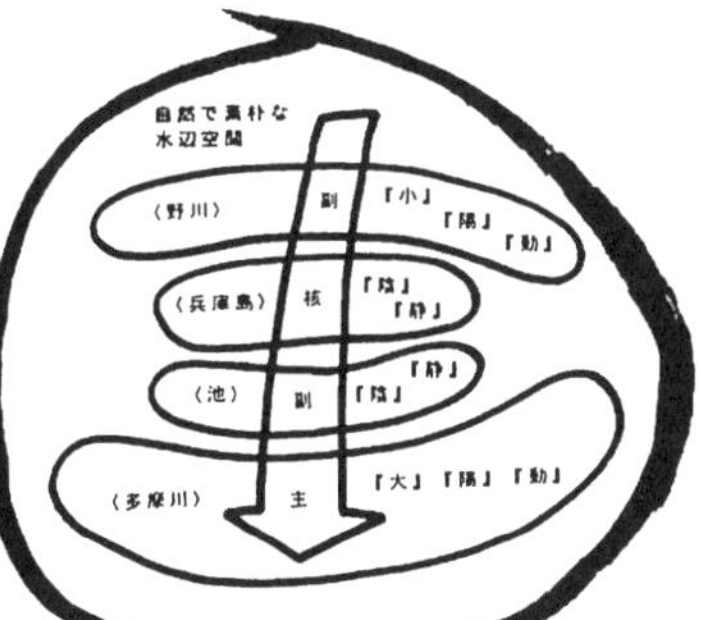

兵庫島周辺地区整備の基本イメージ

れる形態的特徴を活かすという考えかたである。ちなみにこの考え方は、その後*伊藤登らの河川仲間との共同研究で発展、進化されるが、当時はまだ漠然としたものであり、凹型の断面形状、河道の屈曲に応じた断面形状の漸次的変化（凸部で急、凹部で緩い斜面勾配）、断面形状の漸次的変化によって生み出される空間の領域性の表現、といったものであった。

そのため、比較的シンプルな凹型の護岸形状を想定し、護岸に沿って腰を下ろしたり寝転んだりする空間を公園として整備してもらうことを考えた。しかし、自分の手を離れてしまう公園としての整備（設計者に求められているのは護岸の設計だけであり、隣接する高水敷は範疇外なのである）は当てにならないことをそれまでの経験から薄々感じていたため、この空間を護岸の肩部に組み入れ、全てを護岸としてデザインする方法をとった。護岸肩部の小さな段差と玉石護岸に続くほぼ平坦な雑割り石の平場はこうして生まれたデザインである。

雑割り石の平場幅、玉石護岸の勾配にも漸次的変化をもたせ、空間全体に領域感を生み出すことを企図したが、それを助けるために水制工を組み込んだ。太田川基町護岸の水制工はもちろん知っていた。水制工のあるあんな風景を創り出したいという思いもあった。しかし、水制工は水理的にも難しい構造物であり、水辺空間の整備のために設置されることは少なかった。親水象徴としての意味もあったが、当該地区の水制工の設置の大きなねらいは、水制の機能を活用して、玉石護岸の前面に砂礫の堆積を期待したのである。護岸が直接水に接するのではなく、護岸前面の河原を介して水に接する形、これが多摩川の本来の水辺の形であると考えたのである。その証拠に、実は現在整備されている3基の水制工事の間には透過型の杭出し

*篠原修、武田裕、伊藤登、岡田一天「河川微地形の形態的特徴とその景観設計への適用」

野川の水辺（昭和六〇年の竣工当時）

多摩川の水辺（昭和六二年の竣工当時）

水制も計画していた。水制のねらいを強く、丁寧に説明し、水制工の整備を納得してもらった（残念ながら杭出し水制は整備されていない。石張り水制による砂礫の堆積状況の様子をみてからということで当面の整備は見送られた）。整備から30年以上を経た今、玉石護岸の前面には少しずつであるが砂礫の堆積が見られる。

先日、基町護岸整備当時の太田川工事事務所長の山本高義氏と中村良夫先生らとの40年振りの対談の場に同席する機会があった。その際、多摩川左岸の整備の話が出たとき、山本氏から「基町護岸と似た護岸があるなと思っていました」という言葉を聞いた。多摩川左岸の護岸は、有形無形で太田川基町を意識した護岸である。見る人がみればわかるのだな、と感じ、少し嬉しくなった。

野川右岸のデザインでは水遊びの出来る川を考えた。当時、一種の親水ブームであり、あちこちに親水河川と呼ばれる水辺が整備されていた。しかし、その内容には疑問を抱いていて、本当の親水河川を整備してやろうという意気込みもあった。また、当時の野川の水質は最悪であり、水質浄化のための施設整備が計画されており、それによって野川の水質は格段に改善されることとなっていたため、その象徴的意味もあり水遊びの出来る川を考えたのである。

水遊びの出来る川を目指し、水遊びが行われている川を調査し、水遊びというものの本質を探ろうとした。そこから学んだのは、水遊びという概念的な活動の理解では捉えきれない、人の活動の総体を捉え、それに根ざした空間を準備するということ。そうすることではじめて、単目的ではない、川に相応しい、非・単目的な空間が造り出されるということである。

水遊びが好きな子供たちは、いくら元気だとはいえ、ずっと川の中で水遊びをし

水制工の作用による砂礫の堆積
（平成二〇年頃）

ているわけではない。時々は岸に上がって冷えた体を温めるために休む。また、水遊びをする子供たちには母親、父親が同伴しているのが普通であり、大人たちはその間、居心地の良い場所にいて子供たちを見守っている。

野川右岸の整備では、水遊びの出来る水辺と休むための岸辺の両者を造り出した。緩くカーブする小さな段差のある緩い芝の斜面のある空間は、視線が適度に内向され水辺との連動感覚を生み出す、安心して水遊びをさせられる居心地の良い空間である。兵庫島の木々が陰を落とすという思いがけない効果もあり、居心地の良さはより高められている。

水辺では水際の形状に意を払った。一つは水面との距離。水遊びの出来る川を目指すからといって全ての区間が水辺に入りやすい形である必要は無い。水辺に腰掛けて足を水にひたす、水辺に立ち止まって水面を眺めるなど多様な形の水遊びがあって然るべきと考え、そのための空間を準備した。もう一つは水際の表情。多摩川に比べて小さなスケールの川なので、水際の微妙な表情が大切と考えたのである。かといって、水際部を人為的に入り組ませればわざとらしい奇妙な形になることは分かりきっていた。水面に接する最下段のテラスの平場をほんの少しだけ傾け、そこに敢えて大小不ぞろいの雑割り石を埋め込んだ設えとした。最下段のテラスに水が入り込み、大きな石は水面から頭を出し、小さな石は水面に沈むといった微妙な入り組みを生み出した。今であれば、護岸で固めず捨石を用いたデザインを行うかもしれない。当時は全てを護岸で表現しよう、表現できると思っていたのである。

居心地の良い野川の岸辺

野川の水際部の造形

（4）太田川から生まれたデザインの手法と理論

河川・水辺景観に関するデザイン理論、その萌芽は中村良夫の処女出版である「*土木空間の造形」に既に見られる。しかし、太田川という具体の現場が与えられることで、河川・水辺景観に関するデザイン理論は大きく進展したといえる。

その一つの大成が、中村良夫が著した「*河川景観計画の発想と方法」である。ここでは、河川景観計画の全体的枠組みを提示するとともに、親水象徴理論、河川景観ディスプレイ論、視点場論など、河川景観の計画・設計のための基礎的理論に関する研究が展開されている。それぞれのデザイン理論の詳細は割愛させてもらうが、これらの理論の基礎データとなった研究が、基町護岸とその後の河岸テラスといった太田川のプロジェクトを実施中の中村研究室の卒業論文、修士論文などで試みられている。その主なリストを左に示す。

*「土木空間の造形」昭和四三年（一九六七）技報堂

*「河川景観計画の発想と方法」昭和五五年（一九八〇）河川

［中村研究室の河川景観研究に関する論文（初期）］

①河川景観の構成に関する基礎研究
②河川景観のアクセス性の表現に関する研究
③河川景観の象徴表現形式に関する研究
④河川景観イメージの抽出方法に関する基礎的研究

（○数字番号は本文中の番号に対応）
①池田邦雄、修士論文、一九七八・三
②平田昌紀、卒業論文、一九七九・三
③平田昌紀、修士論文、一九八一・三
④阿藤俊一、修士論文、一九八一・三

ここまでが、中村研究室における河川景観に関する研究の初期の段階と位置づけることができる。この時期、河川景観整備の実例はまだ少なく、太田川基町護岸が昭和五三年（一九七八）にその一部が竣工していたのみであった。

その後、基町護岸や、先にも記した多摩川兵庫島周辺地区プロジェクトなど、河川景観整備の実例が出現するに伴い、中村研究室では、それらの事後評価を通して新たなデザイン手法の構築を目指す実証的な研究が試みられるようになる。この段階が、中村研究室の河川景観に関する研究の第二期と位置づけることができる。この時期の主な論文のリストを左に示す。

［中村研究室の河川景観研究に関する論文（第二期）**］**

⑤ 都市中小河川の空間設計に関する基礎的研究
～野川・丸子川におけるケーススタディを中心として

⑥ 河川空間の設計手法に関する研究
～事後調査を手掛かりとして

⑦ 人の行動に着目した河川空間計画に関する研究

⑧ 日本の都市空間生成における「付け」の構造に関する研究

⑨ 人の行動に基づく河川空間設計に関する研究
～人の動きのパターンに着目して

⑤前田文章、卒業論文、一九八四・三
⑥小野寺康、卒業論文、一九八五・三
⑦前田文章、修士論文、一九八六・三
⑧小野寺康、修士論文、一九八七・三
⑨吉村美毅、卒業論文、一九八七・三

さて、中村研究室における河川・水辺に関する景観研究の総覧は以上のとおりであり、これらの基礎研究を踏まえたデザイン理論は多数におよぶ。その具体の内容については*それぞれの論文報告書や解説本などの書籍もあるため、ここでは少し趣をかえて、中村良夫の頭の中にあった（であろう）思索の流れという観点から、太田川から生まれたデザインの手法と理論を整理してみたいと思う。

*巻末の関連研究・論文リスト参照

■川の風景の何が見えているのか（河景のゲシュタルト論）

堤防の上に立ち川を眺める。視野の中には橋があり、川があり、対岸には人家があり、その背後には山並みがある。河川の景観研究の第一段階は、川の風景と言っても、具体的に何がどう見えているのかを明らかにすることにあったといえる。この時参考となったのが*ゲシュタルト心理学である。比較的単純な図形を使って実験室で構築された「図」と「地」の関係性に係る理論は、日常生活の複雑な視覚世界をどこまでうまく説明できるのか。この疑問が河川景観研究の第一段階であったと思われる。

中村は、江戸名所図絵に描かれた川の描写を丁寧に分析することや、川の風景としてたち現れる視覚上の現象を峻別し意識に刻み込むために使ってきた〝瀬〟〝淵〟〝淀〟などの川の言葉の存在の意味を問い直した。

その結果、河景の景観知覚においては、①輪郭の必ずしも閉じていない〝図〟があり、時に重要な意味を有すること、②「図」と「地」の反転現象が認められること、③視野と意識野の移動および伸縮によって「図」と「地」の関係は階層性を持って現われること、④「図」と「地」の境界部には相互浸潤的現象が存在すること、を導き出した。

阿藤俊一の修士論文では、自由スケッチ描画実験、スライド画像のスケッチ再画実験などから、河川においては具体的にどのような景観要素が図になりやすいのかを明らかにしている。印象に残っている川の風景のスケッチ描画、短時間提示のスライド風景のスケッチ再生など、大変な実験によく多くの被験者が集まったものだと驚かされる。

＊ゲシュタルト心理学
現代の知覚研究の基礎となった二十世紀の心理学の一派。人間の精神を部分や要素の集合ではなく、全体性や構造に重点を置いて捉える。この全体性を持ったまとまりのある構造をドイツ語でゲシュタルトと呼ぶ。

■川の風景をどう見せるか（河景ディスプレイ論）

川の風景の〝図〟の特徴が明らかになった次の段階として、それをどう見せるのかが問題となる。河景ディスプレイ論といわれるものであるが、中村らはこれらの問題を、良い景観とは〝見たい景観対象が視野の中で見やすい位置と大きさを与えられていること〟と定式化し、研究を進めた。

中村が道路公団時代から行っていたアイ・カメラによる眼球の相対的移動範囲の調査データやこの段階での既往景観研究の成果なども援用し、視対象を張る水平角ϕ＝20°、鉛直角θ＝10°程度を視覚上の〝図〟としてまとまりやすい限界の目安として提示した。

さすがと思うのは、特殊な視対象として自己の身体と無限遠点の物体の二つに着目し、前者からは、腕を延ばした時の掌や、拳の大きさ、後者からは、人類が長い歴史のうちに定めてきた星座という天体像に着目し、その平均の大きさはϕ＝20°、θ＝20°程度、星座を構成するように選ばれた星と星との平均間隔は約6°、90％が11°内に収まること*を提示し（阿藤俊一の修士論文）、見やすい大きさを知る上での参考と考えた点である。

一方、川ならではの風景の見せ方として、河川法線と視点位置・視軸方向との関係を概念化し、河川における各景観対象に対する適当な視点位置を定めるなど、河川景観のディスプレイ原理を提示している。

また、河川景観が仰観と俯瞰とを同時に眺めるものであることから、対岸の仰角の増減に伴って俯角の見やすい範囲が微妙に異なり、一般の場合よりも水平に引っ

*星座を構成する星と星とのあいだの視角距離の頻度分布

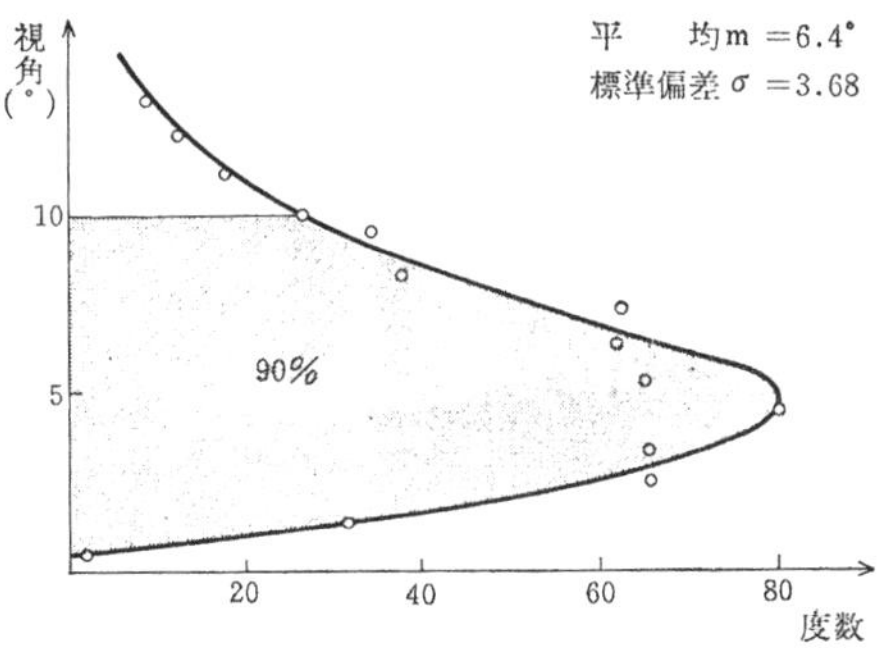

張られる傾向があることや、河川景観の特徴の一つである*倒景俯角の概念を定義し、到景先端への俯角が5から10°程度であれば、対岸景との間に適当な緊張感が生じることなどを明らかにしている。

■川らしさということ（親水象徴理論）

川の風景をどう見せるか、では〝見たい景観対象が視野の中で見やすい位置と大きさを与えられていること〟と定式化された。しかし、やはり、その姿自体に魅力がなければどうしようもない。いよいよ、川の〝良い風景とは〟という問題である。

中村はここで山水画の古典から〝臥遊〟という概念を持ってくる。臥遊とは、家でごろ寝でもしながら、床の間に飾られた山水画を通して仮想の清遊を楽しむことである。中村は臥遊というジャンルの山水画の存在は、風景観賞には遠方空間への仮想的参加を誘発することが内在していることの証と考え、名所図会や山水画の水際線の描き方を丁寧に分析する。そして、そこに、水辺へ人を誘うような独特の含みがある、ことを感じとった（どうやったらこのような感性を持ちえるのであろうか）。そして、それを親水象徴と名づけた。親水象徴を表現する要素は幾つかあるが、山水画などの点景として描かれる人物は特別な存在である。鑑賞者は、この描かれた人物にのり移って山水画の中の山水散策を楽しむのである。つまり点景として描かれた登場人物は鑑賞者の〝代理自我〟の役割を担っており、代理自我の介在によって仮想行動はリアリティを帯びてくることになる。

平田昌紀の卒業研究はこの着想から生まれた研究であろう。卒業研究では江戸名所図会に描かれた河景の分析とともに、そこから導き出した親水象徴表現の幾つか

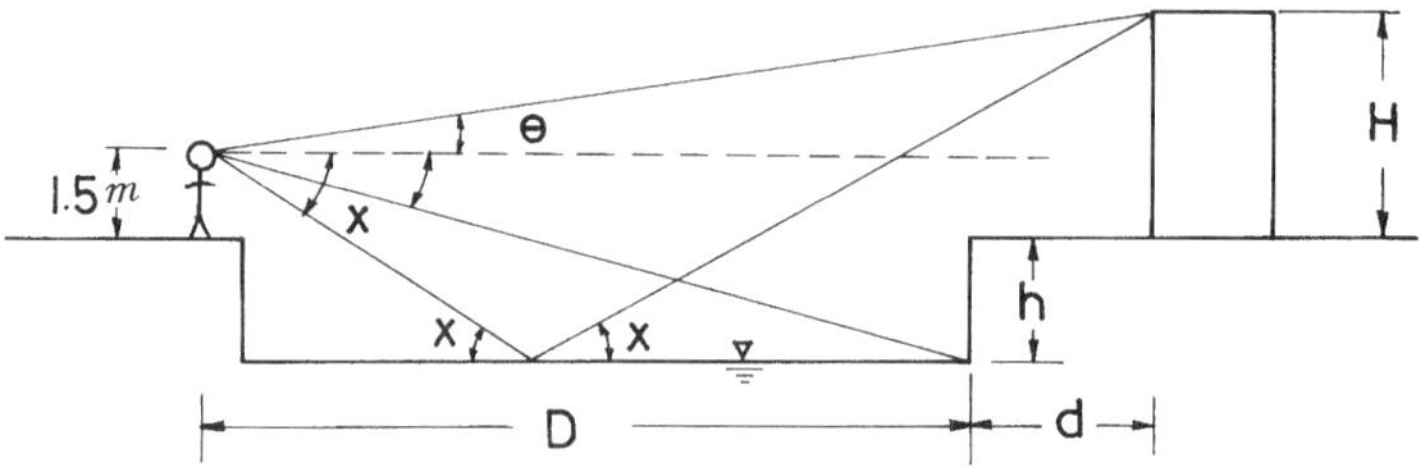

倒景俯角の概念図

倒景俯角：$x = \tan^{-1}\{(H+2h+1.5)/(D+d)\}$

について、簡易な模型を使っての実験なども行われた。

■川の風景の楽しみ方（河景様式論、視点場設計論）

視野の中に橋があり、川があり、対岸には人家があり、その背後には山並みがある。河川の景観研究の第一段階は、川の風景として、具体的に何がどう見えているのかを明らかにすることにあった、と冒頭で述べた。河川景観の研究によりこれらが徐々に明らかになったとしても、これらの多様な要素の個別的な寄せ集めだけでは、景観としてのまとまりがあり、かつ、それぞれの場に応じた河川の風景を生み出すことは難しい。河川の風景づくりを発想するためには、河川構造物から堤内の建物や樹木、山並み、更には風景を眺める人々までも考慮に入れた、河川の風景全体を論ずるための概念がどうしても必要になってくる。

ではどうするか。中村は、日本人が長年慣れ親しんできた伝統的な河川の風景の型からこれらを導き出すことを基本にすることを考える。これらの多くは「山紫水明」、「山間小邑」といった独特の響きを持った名前で呼ばれ、その風景を構成する要素の組み合わせや、それを眺める場所にまで、ある一つの約束事のようなものが存在している。そして極めて表象化された風景の型は、その名称だけで、人々にある共通の風景イメージを換起させるようになる。人々に共通の風景イメージを換起させる、というこのような特性こそが、河景様式が河川の風景づくりの規範となり得る理由である。

平田昌紀の修士論文では、大和絵、山水画、名所図会、浮世絵に描かれた河景285サンプルを対象に数量化Ⅲ類による分析を行い、19の河景様式を抽出し、その空間的特徴と視点位置・視軸方向との関係、親水象徴要素との関係を示している。

川の風景の楽しみ方として特に大事なのが視点近傍の空間である。中村はこの点に関しても、〝自我〟と〝非自我〟の概念を援用し、視点場とは現象的自我の延長、ゲシュタルト心理学で言う自我領野であり、視点場の問題は、景観論における自我と主観の問題に至ることになるとした。そのとき、視点場は、個人的現象である風景観賞に客観性と集団性を与え、一つの社会的現象にまとめあげる効果を発揮するものと考えることができるのである。

即ち、視点場は視点近傍空間の形状と質感、四季の風物などによって発動された五感の総合的動員によって、同席者に共通の雰囲気を用意するのであり、風景を楽しむのにふさわしい場所（視点場）を用意することが風景計画のポイントであるとする。そして、日常風景の場合には、河畔の料亭などのように、やや俗っぽく、談笑と遊宴のなかで風景を愛でることがふさわしいのでは、としている。また視点場については、それ自体が風景の点景として大きな力を発揮することも指摘している。このことは、風景の「見る―見られる」関係の重要性を指摘したものといえる。

■河川景観計画マニュアル（案）

昭和五七年（一九八二）二月、当時の建設省九州地方建設局菊池川工事事務所と株式会社アイ・エヌ・エー・新土木研究所（以下、アイ・エヌ・エー）の名により「河川景観計画マニュアル（案）」が発刊されている。これは恐らく「河川景観計画」の名を冠したわが国最初のマニュアルと思われる。

実は、このマニュアル（案）は、中村研究室の景観研究の成果を河川技術者向け

河川景観計画マニュアル（案）

の手引書としてとりまとめたものである。その意味では、このマニュアルも、太田川から生まれたデザイン理論の一つの形である。

マニュアルの頭書きには、業務受託会社アイ・エヌ・エー新土木研究所の高居富一社長他担当者の名が連ねられ、それと合わせて、総括指導：中村良夫助教授の名が記されている。また文中には昭和五四年（一九七九）度より調査を継続的に実施してきたことが書かれている。

アイ・エヌ・エーの担当者の欄には岡田一天の名があり、昭和五四年度からというと、岡田が修士一年のときからの継続業務になる。昭和五五年の四月に修士修了後アイ・エヌ・エーに入社し、入社直後の最初の大きな業務であったため、マニュアル作成のことは良く覚えている。

マニュアル（案）の目次は、0．緒論、Ⅰ．河川景観の理論、Ⅱ．テーマの決定、Ⅲ．川らしさの演出、Ⅳ．河岸景観の管理、となっている。

0．緒論では、マニュアルの基礎となっている思想、目的、対象としている河川の範囲と対象区域などについて記述した上で、景観工学の基礎的内容と概念、用語の説明、さらに河川景観計画の基本的事項について整理している。

Ⅰ．河川景観の理論では、河川の景観イメージ論、河景様式論、河川のディスプレイ論、親水象徴理論などが展開されており、まさに、太田川から生まれたデザイン理論の集大成である。

Ⅱ．テーマの決定では、河川の景観計画のようにそのまとめ方に多くの可能性を有する行為では、最初に計画全体を貫くテーマの発見が不可欠であることから、テーマを決定するために必要となる調査、理論、方法について具体例を示しながら整理

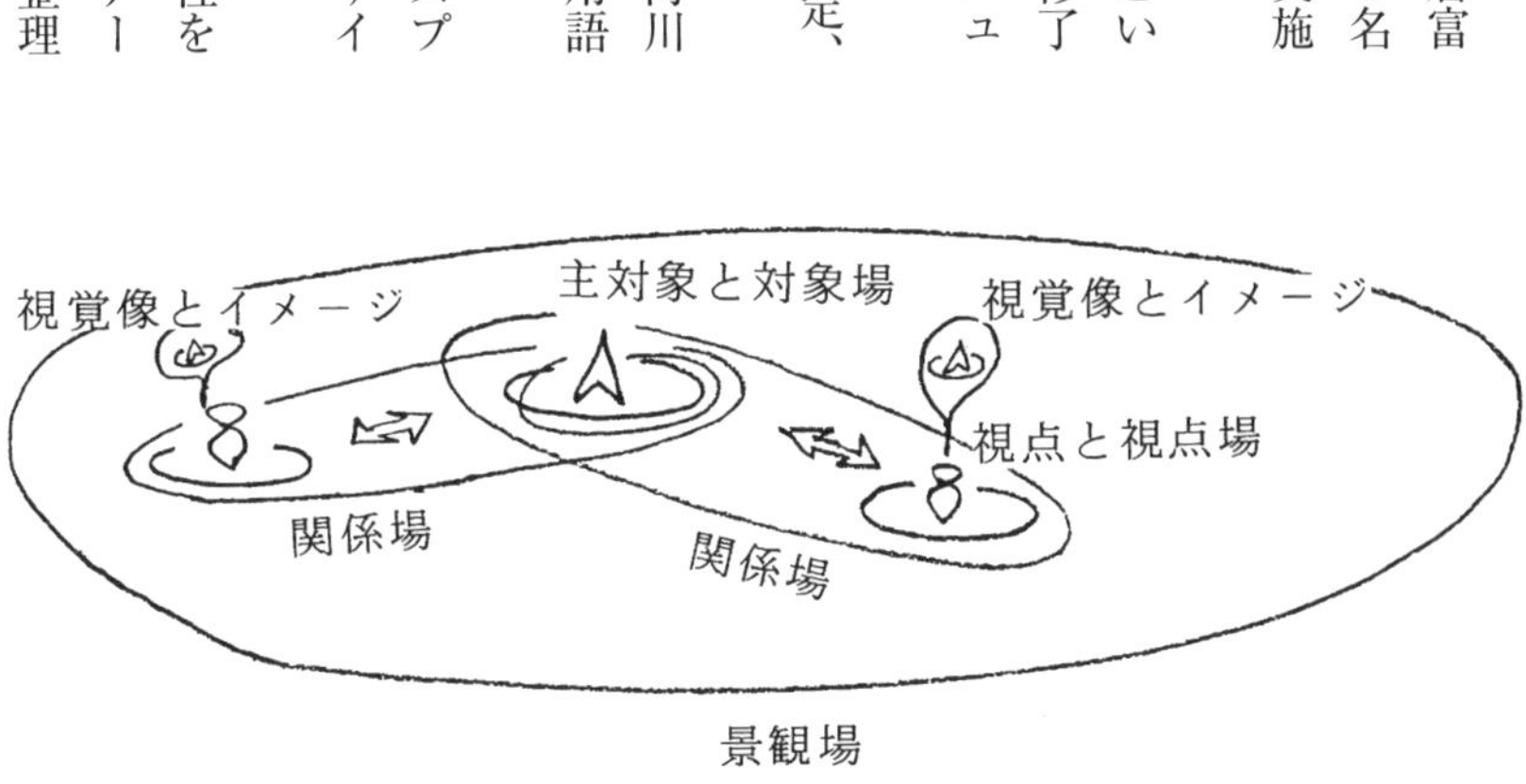

景観工学基礎論の項に示されている景観のモデルと構成要素

している。

Ⅲ．川らしさの演出は設計論でありテーマを初めとする各調査結果を基に実際に河川景観を構成している様々な要素の形を決めるための方法、および形の予測方法について整理している。Ⅱ、Ⅲには、太田川基町護岸での事例に加え、アイ・エヌ・エーの河川計画、河川設計の実務から得られた知見がまとめられている。

Ⅳ．河川景観の管理では、景観管理の重要性を唱え、将来、景観管理が必要になるであろうとの認識に立ち、そのための管理計画（対象、主体、組織、内容）、管理手法（規制と指導、分離、結合、修景といった手法）について記述している。この時期としては先見の明といえるであろう。

形の決定の項に示されている模型とモデルスコープによる検討例

視点場の想定の項に示されている視点場のしつらえの考え方一覧

視点位置	視点場効果 / 視点場装置	見切り効果	空間効果	アクティヴィティ	風雅効果*	表左欄の＊に対応した補足
						*螢，水鳥，虫の音，花木の薫香，水の気配などは有効な風雅効果としてすべてに該当。
水　上	ボート，遊覧船 水上レストラン，屋形船	高俯角効果 フレーミング	囲繞効果 シェルター効果	船遊び 喫茶，食事	涼，音曲，味覚	
水制工*	斗出，島状，飛石状	高俯角効果	斗出効果	釣，佇む	水，魚，水鳥	*堰を含む。床固め，洲なども同様の役を果たすことがある。
低水護岸	階段護岸 小テラス 天端平場	高俯角効果	囲繞効果 ——	釣，佇む*	石材 水，魚，水鳥，水草	*灯ろう流しなどの季節的行事や日常生活に関連した水利用もある。
高水敷*	ミクロ・コンター調整 派川 草花 高水護岸入隅 桟敷	—— —— —— フレーミング 	入隅効果 —— —— 入隅効果 テラス効果	休息 水遊び —— 休息 喫茶，食事	水，草花，虫，鳥 舗石材感 涼	*既存樹木は障害のない限り修景的保存を検討するのが望ましい。 民地畑などの特殊な例もある。
堤防のり面	勾配調整* 小平場，小段 草花	—— —— ——	緩斜面効果 ——	休息 休息 ——	草花	*グレイディング，ラウンディング，堤内側定規断面外ではコンター・グレイディング。
堤防天端***	プロムナード 植樹**	借景効果* フレーミング	頂上効果 キャノピー	散策，サイクリング，休息，花見	桜，藤棚，緑陰	*河川敷全体を一つの視点場と見立てた場合，対岸の堤防は見切りとして働く。 **定規断面外の堤内側植樹。 ***高水護岸天端を一部に含む。
橋　梁*	桁下整備** 橋詰広場 橋詰木立 橋上バルコニー 歩道***	フレーミング スクリーン効果 高俯角効果 高俯角効果	シェルター キャノピー 入隅効果 ——	休息 休息 佇む 佇む，休息 佇む	水，涼 緑陰 涼 高欄材感	*やや特殊な例としては橋上四阿，屋根つき橋梁，桟橋などがある。 **特に桁裏意匠 ***高欄意匠
堤　内*	四阿，民家，旅館，レストラン（図—6） 公園・展望所，神社・仏閣	フレーミング，借景，フレーミング，俯観，借景効果**	シェルター シェルター 入隅 囲繞	休息 起居，喫茶， 食事，休息， 参詣	涼 味覚 聖域	*良好な視点場の保護・育成 **視点が堤内に深く入っている場合にも，堤防を見切り線とする面白い借景が成立する場合がある。

管理手法の項に示されている管理の考え方

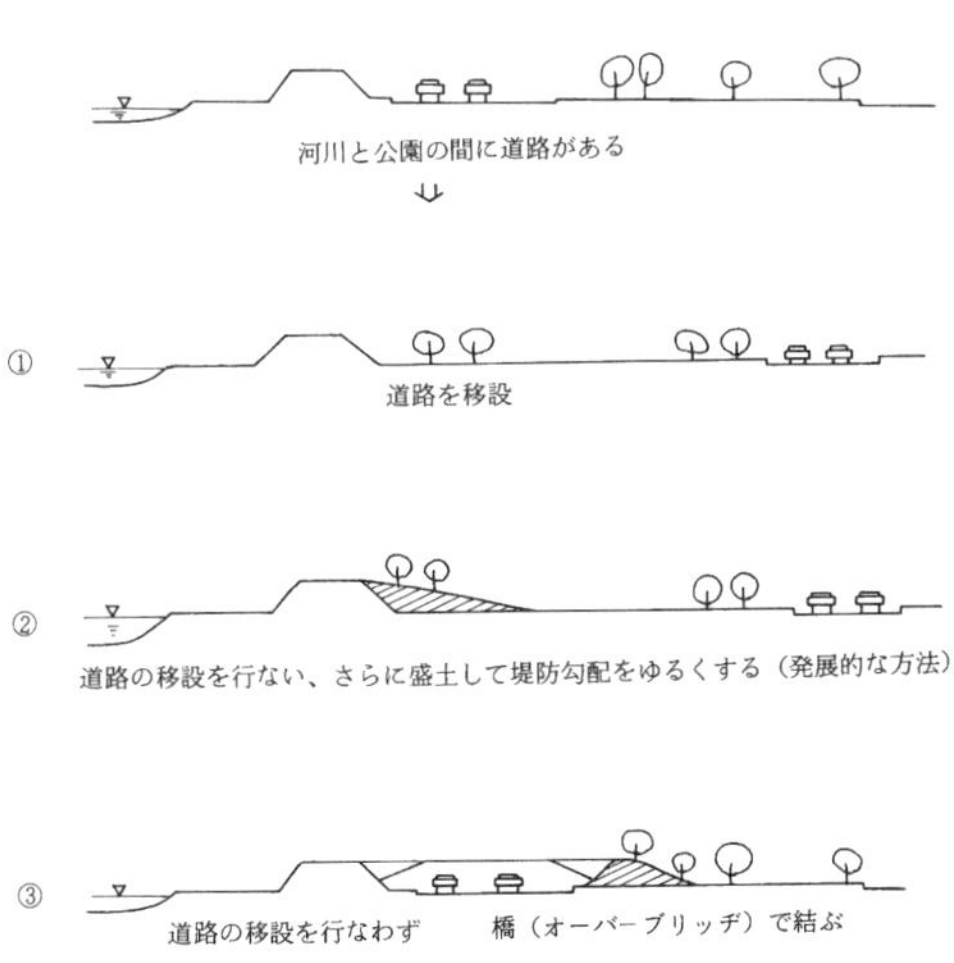

第4章　水の都整備構想——胎動する水辺のまちづくり〈一九九〇年〜二〇〇三年〉

田中尚人・岡田一天

平成二年（一九九〇）建設省（当時）・広島県・広島市の協働により、「水の都整備構想」が策定された。「まち」に対して関心を持ち始めた市民たちが、水辺に居場所を見つけ、徐々に集い始めた。全国的にもまちづくり活動が活発になり、広島の水辺ではオープンカフェの社会実験が始まり、まちと川を繋ぐ公開空地ができ始める。「みんなで」水辺を使う市民の登場である。

（1）広島の都市づくり

①緑の景観づくり

川づくりのエポックが、前章で語られた東工大中村良夫研究室と建設省太田川河川工事事務所とで実践されていた一方、広島市が中心となり、原爆投下により焦土と化した広島の「緑」の景観づくりが始まった。

第二次世界大戦後の広島市の都市整備略年表

昭和二四年（一九四九）　「広島平和記念都市建設法」制定
広島平和記念公園設計競技丹下案が採択

昭和二七年（一九五二）　平和記念都市建設計画・公園緑地・墓地配置計画策定

緑の景観づくりから都市美づくり、水の都整備構想へ

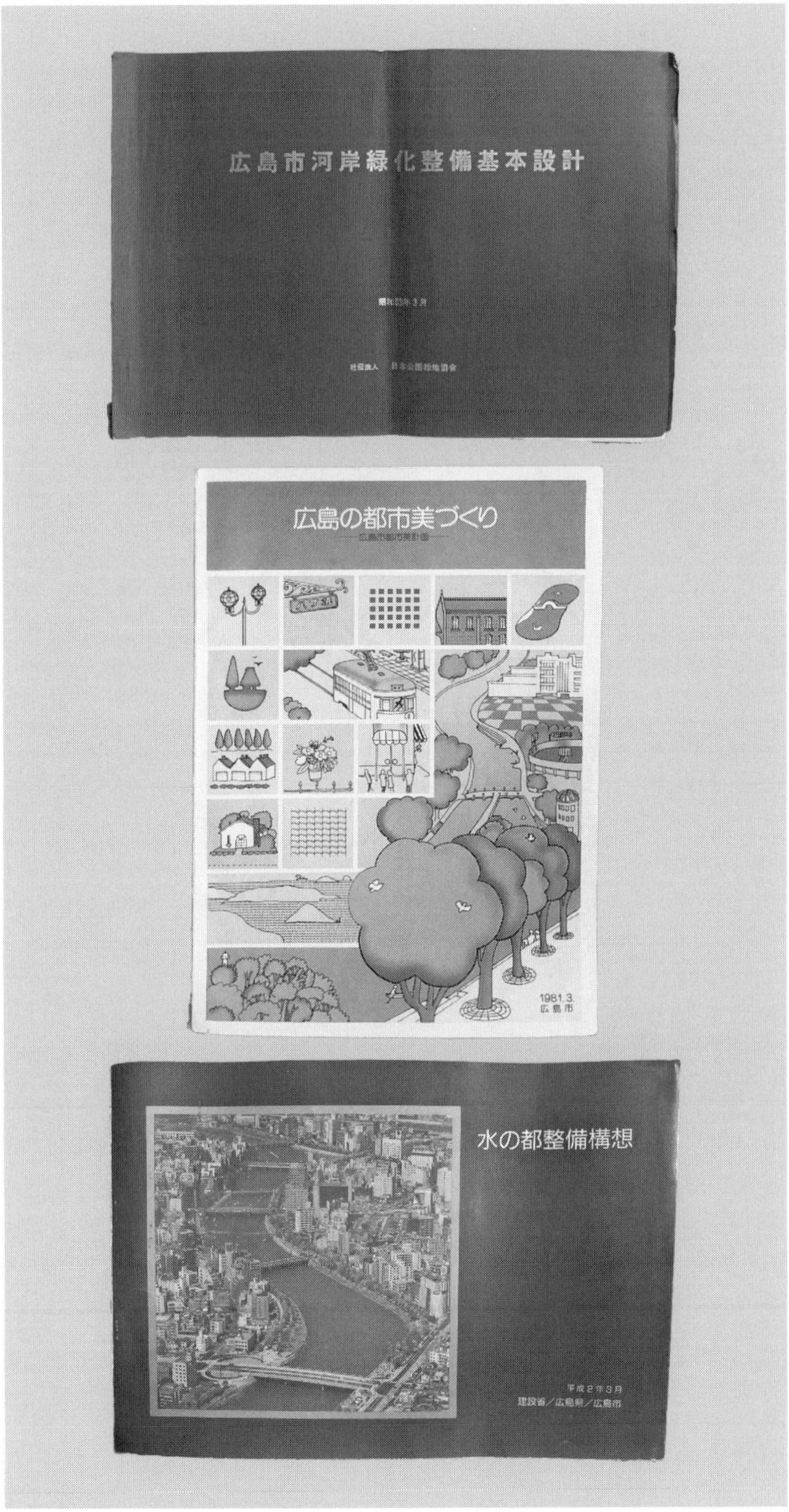
広島市河岸緑化整備基本設計
広島の都市美づくり
1981.3.
広島市
水の都整備構想
平成２年３月
建設省／広島県／広島市

昭和三〇年（一九五五）　平和記念公園完成
昭和三一年（一九五六）　基町団地計画決定
昭和三二年（一九五七）　市民球場完成
昭和四二年（一九六七）　河岸緑地整備四カ年計画
昭和五三年（一九七八）　広島市河岸緑地整備基本計画
　　　　　　　　　　　　河岸緑地の不法占拠解消
昭和五五年（一九八〇）　中央公園完成
昭和五八年（一九八三）　太田川基町護岸完成
　　　　　　　　　　　　ＨＯＰＥ計画にて、水辺の建物と川との調和が図られた
平成元年（一九八九）　広島城跡堀川浄化事業

②都市美づくり

緑の景観づくりに続いて、広島市が取り組んだのは、「都市美」計画の策定であった。この「都市美」の推進に尽力したのが、厚生省職員であったが二度広島市に出向した（一九八〇年〜八三年荒木市政、一九九六年〜九九年　平岡市政：助役）太田晋氏であった。厚生省入省後、一九七三年から二年間リヨンに留学し欧米の都市景観整備を学んだ太田氏は、荒木市政時に都市美計画を立案し、昭和五六年（一九八一）三月「広島の都市美づくり――広島市都市美計画」出版された。

「水と緑と文化のまち」を目指していた広島市では、昭和五六年策定された「広島の都市美をつくる基本計画（策定委員会委員長 香川不苦三氏）」第1部において、「都市美」が以下のように説明されている。

都市をひとつの生き物としてとらえた場合、その外観的な美しさのみならず心の美しさも「都市美」の問題と考えるからである。都市の心の美しさは、すなわち、そこに住む市民の心の美しさである。もう少し具体的にいうなら、広島の都市美として我々は、「自然が美しい」「街並みが美しい」「人の心が美しい」という自然美・人工美・精神美の三つが融合した状態であると考える。

第2部では、各論として「都市美」を形成するための、具体的な行動指針が示されている。

1. 豊かな自然景観計画　緑の保全と育成
   水辺の保全と創造
2. 魅力ある都心景観計画　美しい街並みの形成
   憩える都心オープンスペースの形成
3. たたずまいのよい住宅地景観計画
4. うるおいとまとまりのある工業地景観計画
5. 公共施設の美観計画
6. 美しいまちづくりのための市民運動展開計画

第3部では、「都市美スケッチ」として広島市内の21箇所が「都市美を目指して改修・整備すればこんなに景観は向上する」という理想のスケッチが描かれている。そして、それらの多くが実現している。

都市美スケッチの例（広島の都市美づくり）

③都市美づくりの制度設計

先の「広島の都市美をつくる基本計画」に基づき、平成元年（一九八九）に〝リバーフロント建築物等美観形成協議制度〟が創られる。制度の基本的な考え方は〝川に顔を向けたまちづくり〟であり、川を裏側として扱ってきた建築物の在り方を是正しようとする試みであった。対象範囲はデルタを流れる6本の川に面する建築物と川から200mの範囲にある大規模建築物とされ、形態、色彩、配置、空地整備等のデザイン・コードが定められた。これにより、川沿いの建築物の表情も変わり始めた。実は、川に顔を向けた近代街づくりの第一号こそが原爆ドーム（産業奨励館（竣工当時の名称は、広島県物産陳列館））と言われており、水の都広島のまちづくりの原点回帰ともいえる。

この考えを発展させ、質の高いまちづくりを誘導することをねらいに、公共の施設のデザインに広げたのがP&C（ひろしま二〇四五ピース&クリエイトの略）である。水の都整備構想の理念も踏まえ、平成七年（一九九五）に〝P&C設計者選定要綱〟が定められ、翌平成八年からP&C事業が実施された。広島の都市イメージにおいても重要な役割を果たすと考えられる市の公共施設の設計において、それに相応しい設計者を選定するという試みである。既にいくつかの公共施設がこの仕組みのもとで実現しているが、建築物だけでなく、水の都モデル整備事業（東部河岸緑地）として、猿猴川河岸緑地の再整備が行われた。選定された設計者は佐々木葉二（鳳コンサルタント）。広島駅南口からはじまる、猿猴橋、荒神橋、大正橋、平和橋の区間、約九五〇mの猿猴川河岸緑地を、リバーフロントのアートプロムナード空間として整備する事業が実施されている。

猿猴川河岸緑地を再整備したアートプロムナード

（2）水の都整備構想

平成二年（一九九〇）三月「水の都整備構想」策定　国・県・市の3者の協働

川とその周辺の水辺空間は、これまでも広島の都市づくりの中でも常に重要な要素として着目されてきており、その成果は、例えば他都市に類をみない「河岸緑地」という形で結実していた。この豊かな河岸緑地を含む水辺空間を、優れた環境資源として魅力的に設え、市民生活の中で活用していくことによって、「水の都」をよりよく再生していくことが、広島市の将来にとって重要な課題となっていた。

「水の都整備構想」は、このような課題解決のために、都市づくりと一体となった水辺空間の形成に向けて、その長期的な方向性を示すことを目標としたものである。「水の都整備構想」は、建設省及び広島県と広島市の行政三者の協力により策定された。この三者が「水の都整備構想」を共通の拠り所とし、個別具体的な都市づくりの取組みの中で、水の都づくりのための技術的、制度的な再検討を行い、先駆的な運用アイデアを開発、蓄積していくように努力するという、行政側の取り組みに重点を置いてとりまとめた点が特徴的である。

また、水の都における水辺整備の理念を実現するための整備方向を統合した、6つの整備テーマが設けられた。これらのテーマは、都市における水辺空間の機能に着目して、将来のあるべき姿と、それを実現するための方向性を整理したものである。

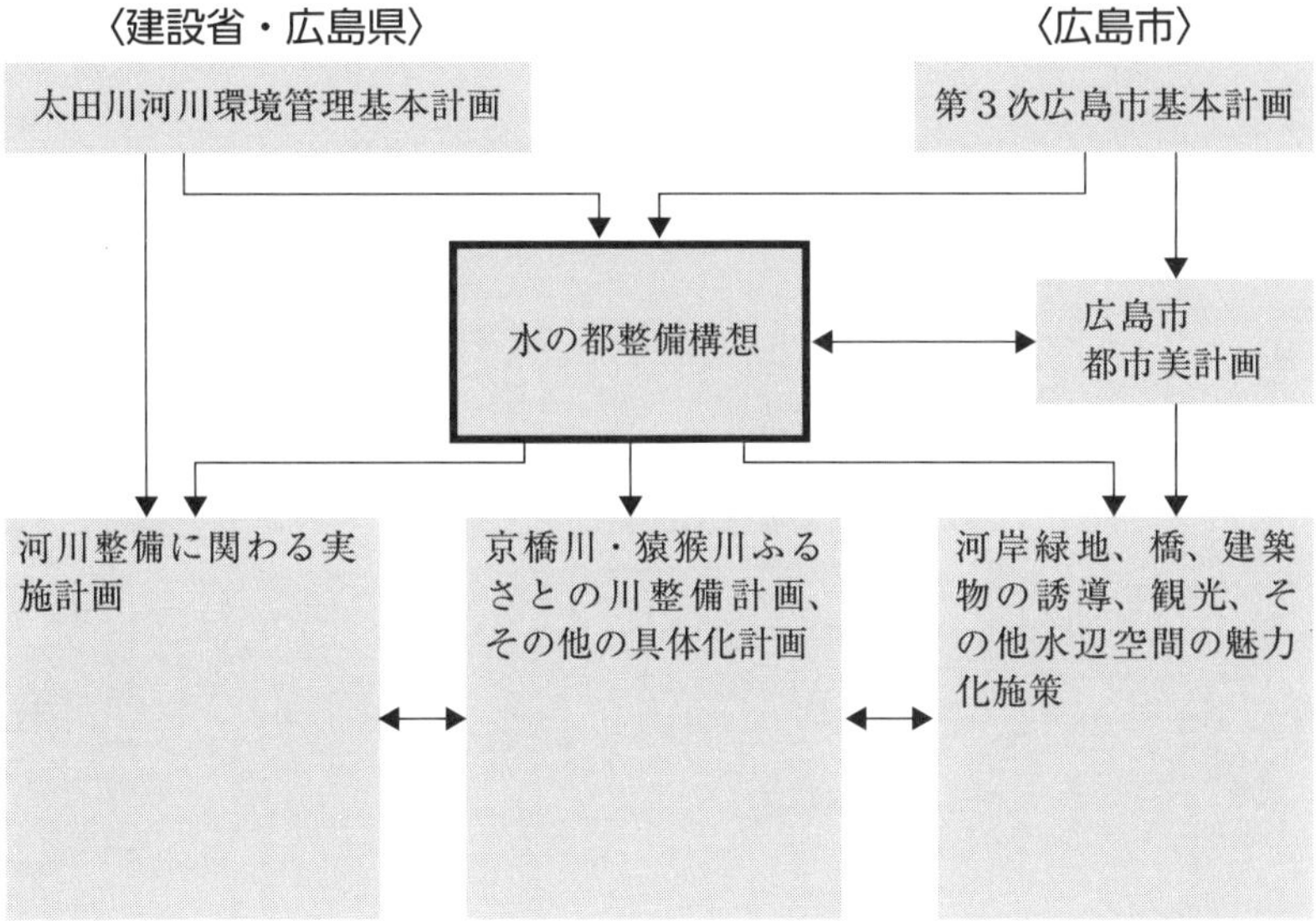

水の都整備構想の位置づけ

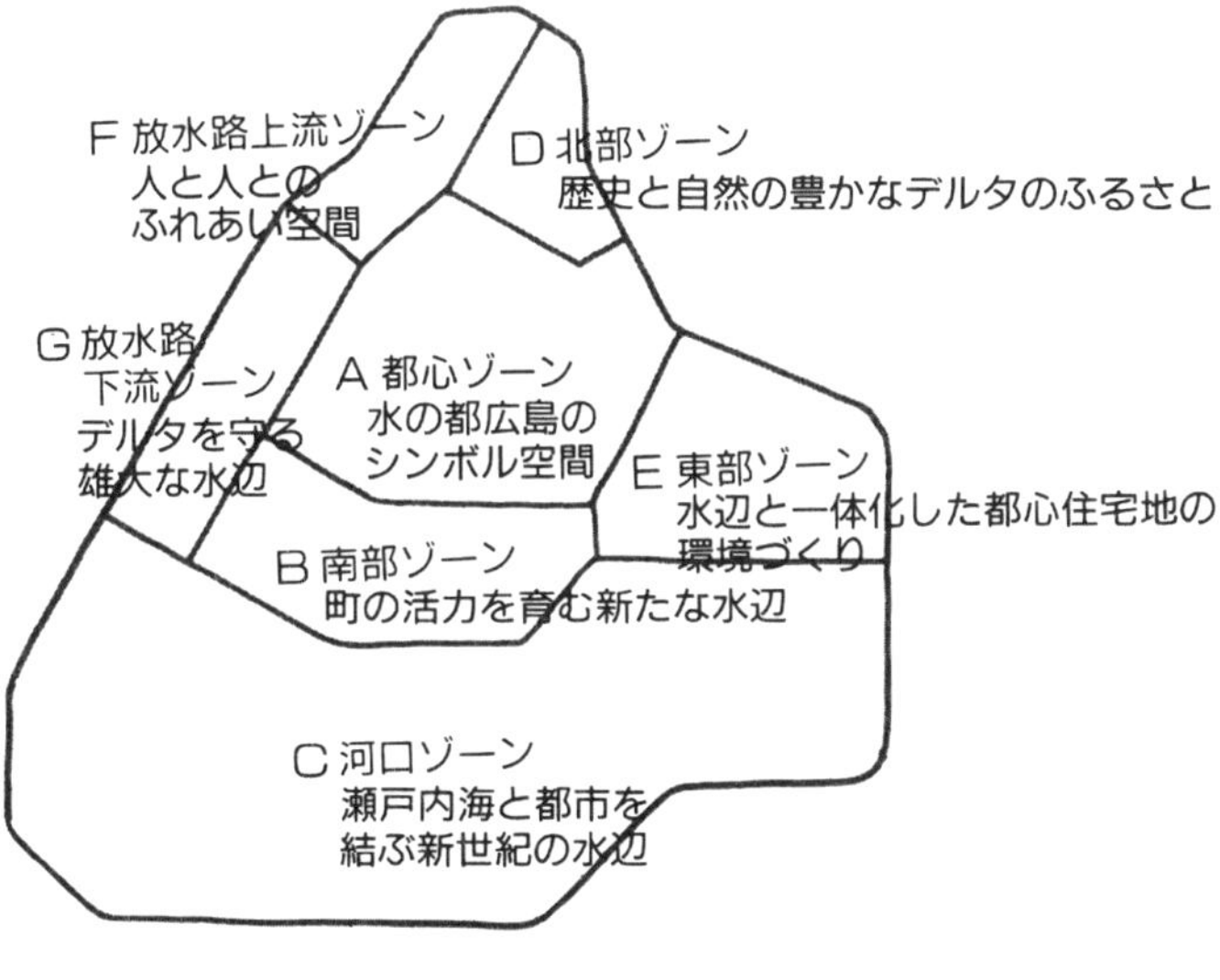

水の都整備構想「水辺空間のゾーニング」（水の都整備構想パンフレット）

平和公園周辺地区でのプロジェクト計画（水の都整備構想パンフレット）

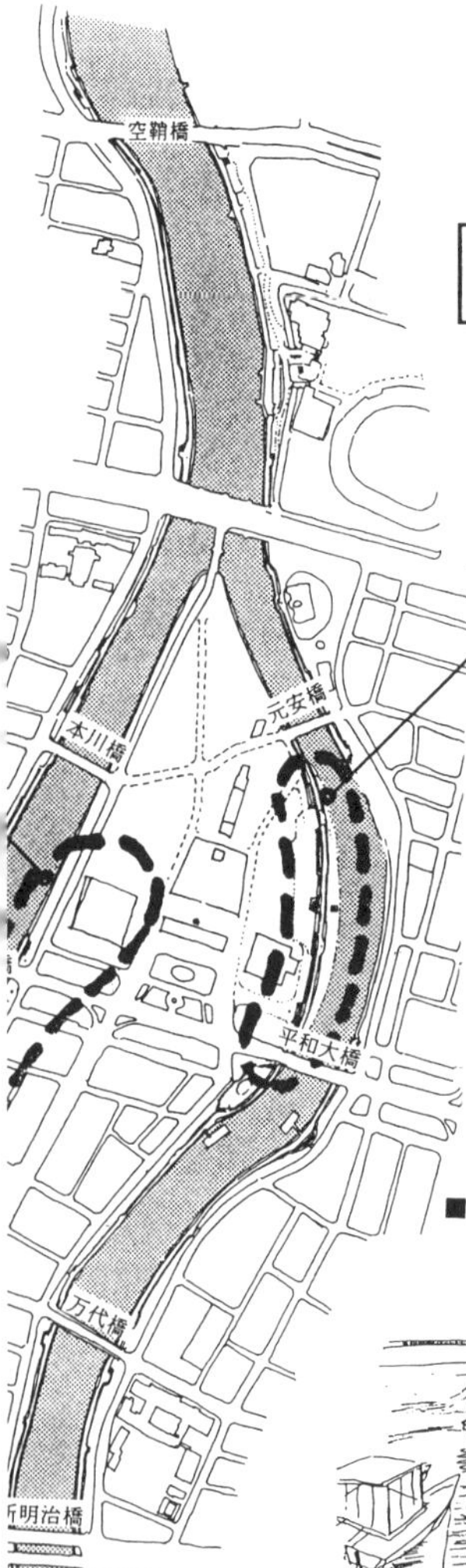

平和の水辺計画

● 元安川右岸の元安橋から平和大橋下流にかけての区間を、「平和の水辺」として位置づけ、平和公園への巡礼客、観光客、市民の交流の場として整備する。

■平和の水辺のイメージ

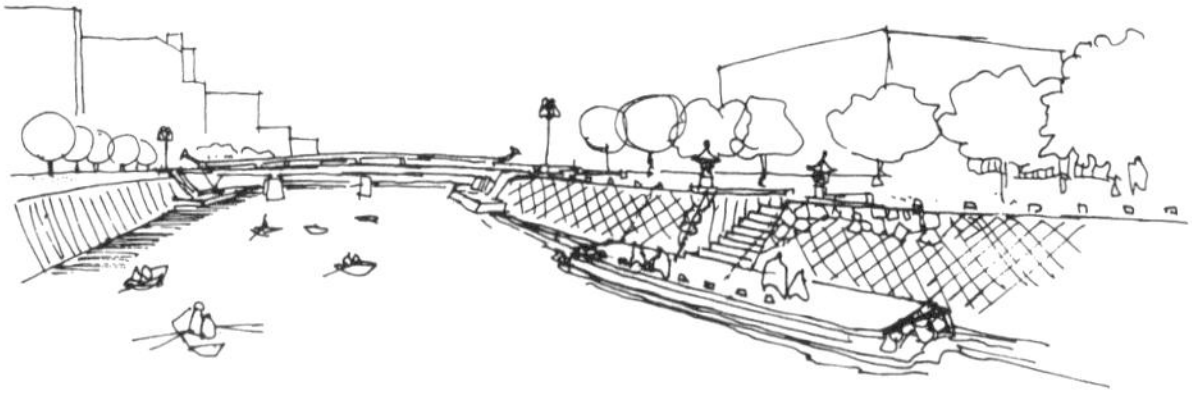

■祭りの水辺のイメージ

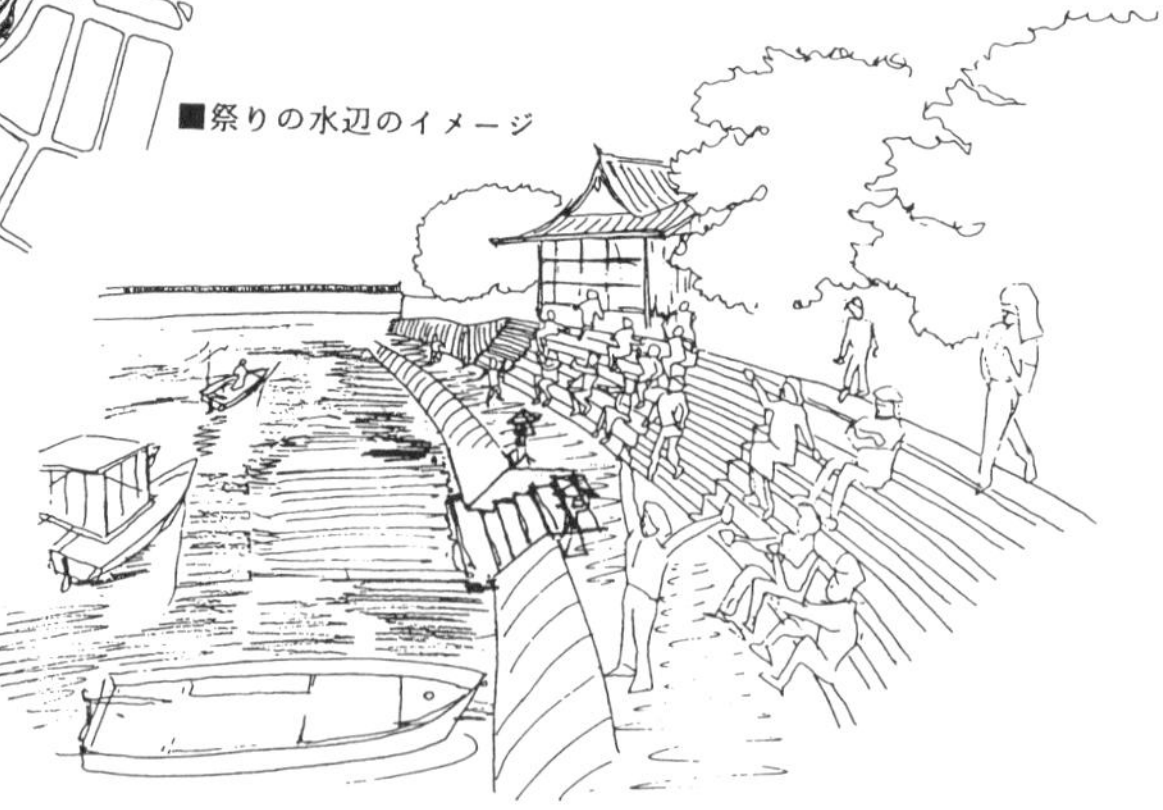

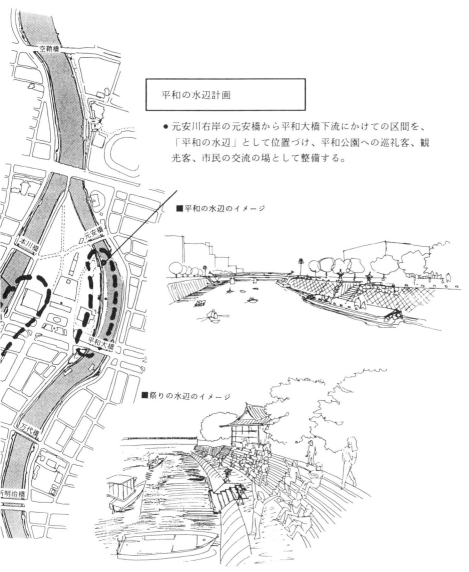

5)プロジェクト計画

平和公園周辺地区における整備を推進するために、次の3つの重点プロジェクトを提案する。

図 プロジェクトの位置

文化の水辺計画

● 本川左岸の国際会議場から市民文化創造センターに至る区間を、連続した文化施設に一体となった文化の水辺として位置づけ、全体としてまとまった文化ゾーンを形成する。

■文化の水辺のイメージ

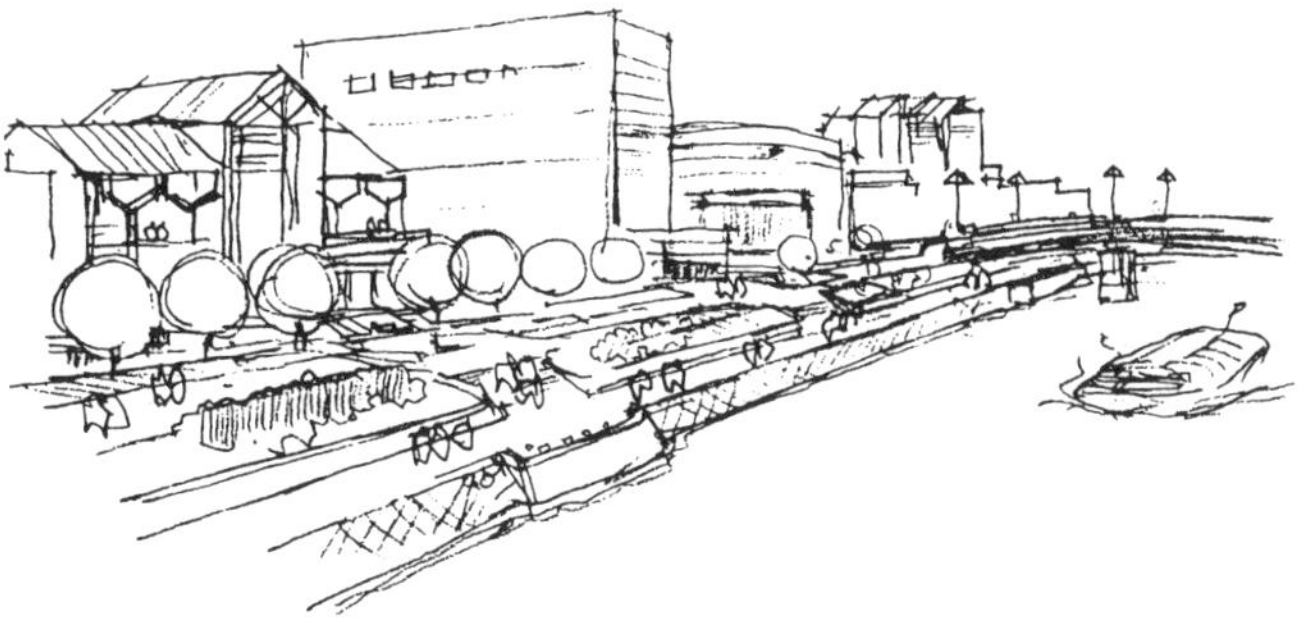

祭りの水辺計画

● 住吉神社周辺の本川河岸を「祭りの水辺」として位置づけ、祭礼空間として、また、都心と臨海市街地、派川中流部と河口部との結節点として、集いの場をつくりだす。

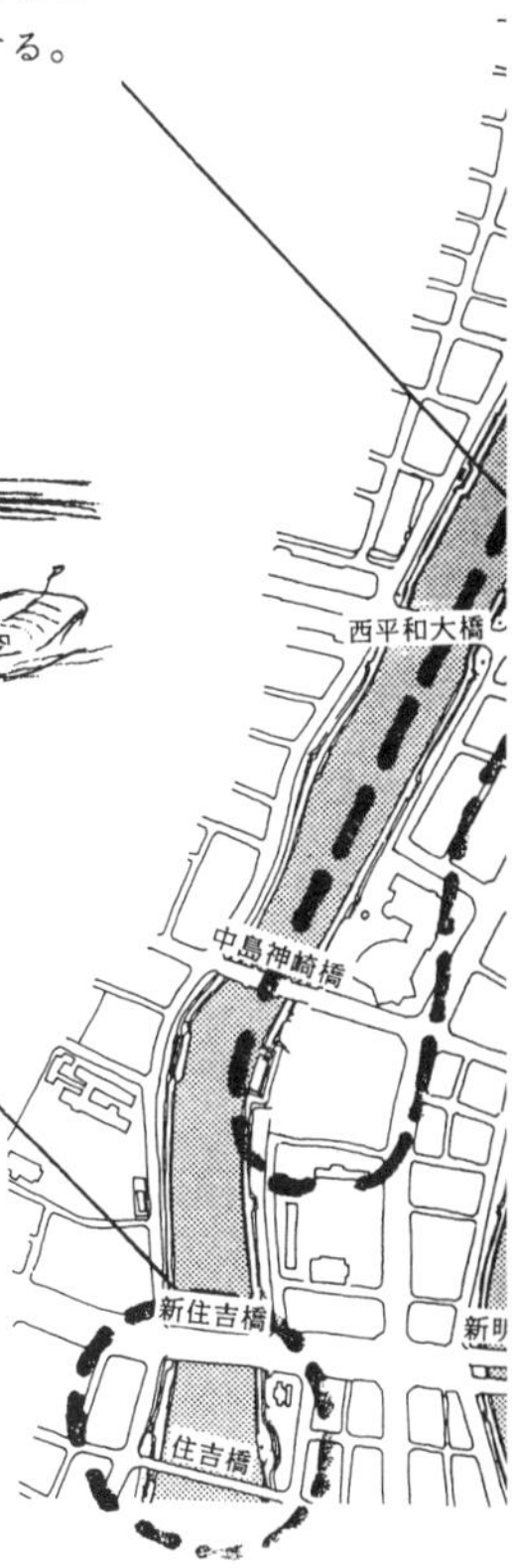

2 水辺で遊ぶ

①スポーツの場を設ける
- a．河川沿いのスポーツゾーンの設定、個性化
- b．河川スポーツゾーンの陸上支援施設の整備
- c．交通施設、アクセス条件の整備
- d．水面スポーツレクリエーションの場として活用するための水面利用の秩序化

②川で泳ぐ
- a．河川空間内に水遊び、遊泳の可能な空間の確保

③水に触れる
- a．親水ポイントとしての干潟の活用
- b．市街地内の歩行者ルートとの関係に配慮した親水ポイントの配置
- c．砂の敷設など、底質改善のための環境整備
- d．河岸緑地、公園を活用した陸上支援施設の整備

▒太田川放水路の整備イメージ

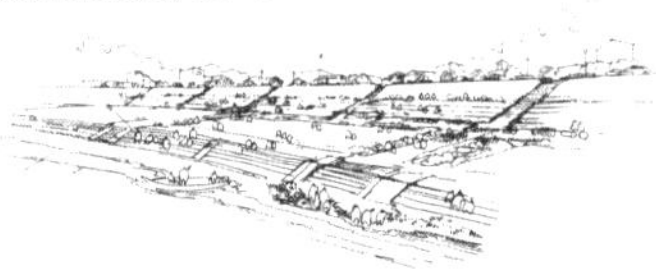

3 水辺に文化を

①水辺のイベントや祭りを活性化する
- a．ボートコンサートなど水辺のイベントの創造
- b．既存イベントの陸上支援施設の整備
- c．河口部の広大な水面を利用したイベント・リゾート空間の整備

②文化施設等を配置する
- a．文化施設、コンベンション施設の水辺への立地誘導
- b．拠点的文化施設の観光ネットワークへの組み込み
- c．水辺にふさわしい文化施設のデザイン
- d．彫刻などの野外ギャラリーとして河岸緑地の活用

③歴史を残す
- a．デルタ内の歴史的遺構の研究
- b．歴史的遺構の保全、復元・修復及び親水装置としての活用
- c．統一された案内板等によるＰＲ

▒祭りの水辺のイメージ

歩行者ルートとの連続性など、入り江の活用基盤の整備
水拠点としての整備、市民への開放
小河川、水路等の保全、住環境資源としての活用
業の敷地・建築計画等への水のイメージの導入
の整備、再整備に併せた水による修景、個性づくり
ための環境用水の水源確保方策の検討
動堰、河川噴水等の活用
た一体的な景観計画の検討
画など総合的な環境管理原則の確立
の整備促進による汚濁負荷の軽減
動堰、河川噴水などの水質浄化効果についての研究
による干潮時の水面確保、ヘドロの除去、川砂の安定化の研究、試行
ための市民意識の高揚
とする質の高い護岸の整備、再整備
の景観密度に配慮した親水装置、リバーウォーク等のデザイン
の保全、再利用
る護岸の緑化、修景
の材料、デザインの工夫、機能の複合化の検討
ける大スケールの景観に配慮した堤防形態の工夫

心商業・業務地区での高密なデザインリズム

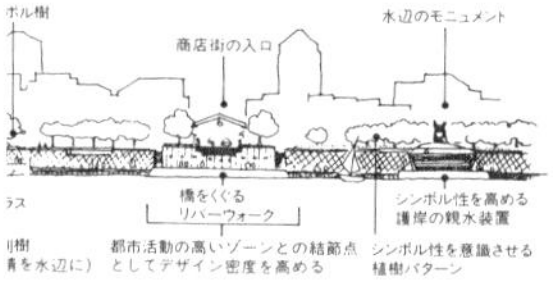

6 水辺を美しく

①美しい建物を誘導する
- a．特徴ある水辺に面した敷地におけるランドマーク建築の誘導
- b．美観づくりのモデルとなる公的プロジェクトの実践、民間建築物のデザインガイドの作成
- c．リバーフロント建築賞などの表彰制度の創設、公的融資制度の整備
- d．リバーフロント地区計画制度の導入、公開空地認定の弾力的運用等
- e．河岸緑地の開放的利用、水上建築物等に関する技術的、制度的研究

②河岸の構成要素をデザインする
- a．堤防敷の案内板、標識のデザインガイドの作成、普及
- b．周辺の景観に調和した河岸沿いの屋外広告物、屋外設備等の誘導
- c．河岸のファニチュア、照明等のマスタープラン作成、デザインの開発
- d．河川を横断する電線、水管橋等のデザイン誘導

③橋を個性的にデザインする
- a．橋梁デザインのガイドラインの確立
- b．場所に応じた橋詰の魅力化のための工夫

④緑を創り出す
- a．河岸緑地の延伸、堤防法面の利用などによる河岸の緑化の推進
- b．河川ごとのテーマ樹(花木)の設定、彫刻の設置などによる河岸緑地の個性化、質の向上
- c．パーゴラ等による堤防上の木陰の確保

⑤水辺を照らす
- a．水辺のライトアップ計画の確立
- b．橋梁アンダーパス部分の照明の工夫
- c．水辺の立地条件を活かした変化のあるランドマーク照明の工夫

▒美しい建物を誘導する

● 将来の密度構成の方向性

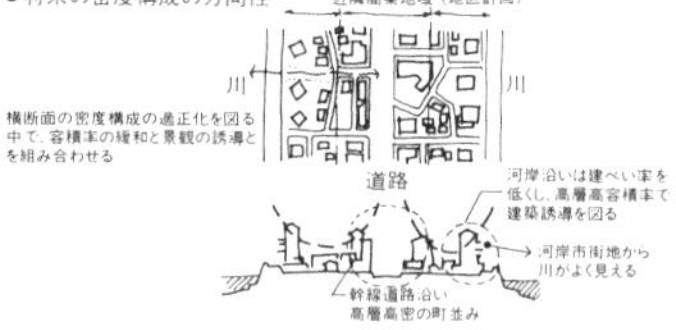

▒水辺を照らす

河岸緑地と水面を美しく照らす

水の都の再生に向けて

●水辺づくりの目標

広島の水辺
水辺のファサード
広島を代表する都市の顔づくり

ふるさとの水辺
水辺のステージ
市民に親しまれる生活の舞台づくり

美しい水辺
水辺のディティール
心のこもった美しい景観づくり

●水辺づくりの テーマ

1 水辺をつなぐ

①生活動線として活かす
- a．複断面護岸を活用したリバーウォークの整備
- b．橋のアンダーパスの整備
- c．高潮堤防を活用した河岸緑地の整備、歩行者空間の拡充

②観光ルートに組み込む
- a．観光ルートとしての河岸緑地の個性的な整備
- b．観光遊覧船コースの拡充、利用メニューの充実

■橋のアンダーパス

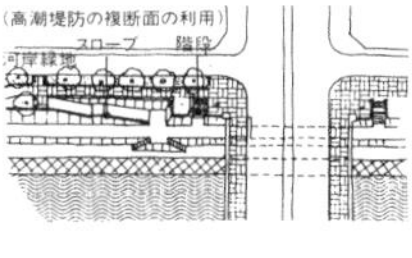

■リバーウォークのイメージ

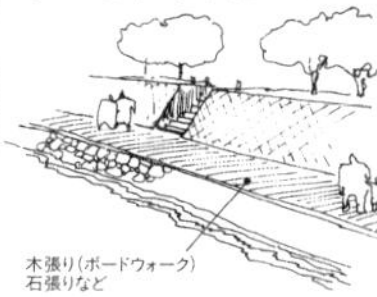

2

①スポ

②川で
③水に

■太E

4 水辺に住み、働く

①水辺に憩いの空間を創り出す
- a．川への眺望に配慮した建築物の誘導
- b．水辺への公開性の高い空地、施設の整備誘導
- c．水辺の公共施設等と河岸の一体性、連続性の確保

②川の雰囲気を街中に導く
- a．背後市街地からの眺望、アクセスの確保に配慮した建築物の誘導
- b．河岸道路による市街地と河岸の分断解消
- c．河岸と市街地内を結ぶ動線の魅力化

③水辺に生活の賑わいを持ち込む
- a．水辺の市街地の再開発等に合わせた商業空間の導入
- b．近隣商店街につながる水辺のオープンスペース、市民施設の整備
- c．河岸緑地内への仮設的な店舗等の設置の検討

④浸水から守る
- a．下水道の再整備、整備水準の向上
- b．公共施設を中心とした流出抑制施設の導入検討
- c．地先対策等に対する住民への助成、ＰＲによる防災意識の高揚

■水辺に生活の賑わいを持ち込む

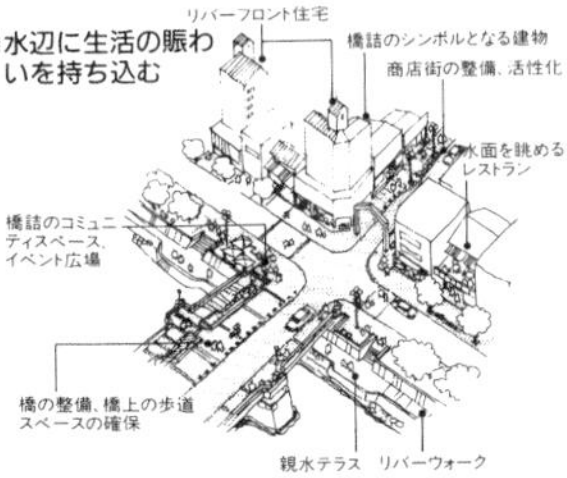

■水辺に憩いの空間を創り出す

●共同住宅の共用スペースを川に向ける
(リバーフロント住宅)

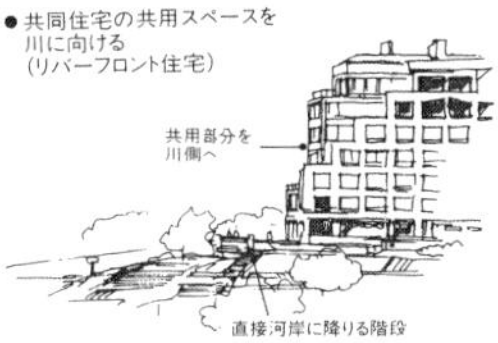

5 水辺をつくる

①入り江を活用する
- a．河岸緑地、歩行者ルートと
- b．個性的な親水拠点としての

②水を引き込む
- a．デルタ内の小河川、水路等
- b．面的開発事業の敷地・建築
- c．道路・公園の整備、再整備
- d．親水空間のための環境用水

③水面をデザインする
- a．落差工、可動堰、河川噴水
- b．周辺を含めた一体的な景観

④川をきれいにする
- a．環境管理計画など総合的な
- b．公共下水道の整備促進によ
- c．落差工、可動堰、河川噴水
- d．河床の浚渫による干潮時の水
- e．河川浄化のための市民意識

⑤護岸をデザインする
- a．石積を主体とする質の高い
- b．背後市街地の景観密度に配
- c．歴史的護岸の保全、再利用
- d．蔦などによる護岸の緑化、
- e．パラペットの材料、デザイ
- f．放水路における大スケール

■背後市街地に合わせた護岸のデザイン　●都心商業・業務地

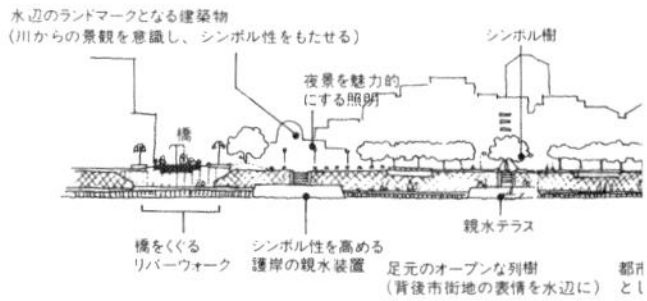

水辺空間整備構想「整備テーマ」

1．水辺をつなぐ
a．生活動線として活かす
b．観光ルートに組み込む

2．水辺で遊ぶ
a．スポーツの場を設ける
b．川で泳ぐ
c．水に触れる

3．水辺に文化を
a．水辺のイベントや祭りを活性化する
b．文化施設等を配置する
c．歴史を残す

4．水辺に住み、働く
a．水辺に憩いの空間を創り出す
b．川の雰囲気を街中に導く
c．水辺に生活の賑わいを持ち込む
d．浸水から守る

5．水辺をつくる
a．入り江を活用する
b．水を引き込む
c．水面をデザインする
d．川をきれいにする
e．護岸をデザインする

6．水辺を美しく

a．美しい建物を誘導する
b．河岸の構成要素をデザインする
c．橋を個性的にデザインする
d．緑を創り出す
e．水辺を照らす

（3）水の都整備構想における水辺デザイン

水の都整備構想は「水の都」広島を再生するための、まちづくりと一体となった水辺空間の形成に向けての長期的な方向性を示したものである。その具体的な都市づくりにおいては、もちろん太田川の水辺空間が大きな役割を果たすことになる。この時期、基町環境護岸整備、河岸テラス整備を通して太田川の水辺空間整備に関わってきた東工大中村研究室の関りは一段落している。しかし、中村良夫自身は、各種の委員会などを通じて太田川工事事務所、広島市と継続的に繋がっていた。そのため、水の都整備構想を具現化する各種のプロジェクトに、中村良夫は関わり続けることになる。その主なものとして2つのプロジェクトを取り上げる。

①元安川親水テラス（元安橋上流右岸：一九九六年竣工）

元安川親水テラスは、太田川工事事務所からの委託で実施設計を行った地元の設計会社のヒロコンの設計案に対して、中村良夫がアドバイスを行ったものである。

中村の手元に、「第3回元安川護岸整備計画策定委員会」と記された平成七（一九九五）年一〇月一二日に開催された委員会資料が残っている。議事次第をみ

原爆資料館から原爆ドームにのびる都市の軸線

（国土交通省太田川河川事務所提供）

ると、元安川護岸整備計画の最終報告の会であったことが伺える。

委員会の配席表をみると、委員としての中村良夫の名前はない。欠席だったのか、委員でなかったのか、そのあたりについては中村本人の記憶も定かではない。しかし、設計案に対するアドバイスの記憶は明瞭であるという。アドバイスというよりはデザインそのものに近いといえるかもしれない。それだけこの場所に対する中村の思いが強いことの証であろう。

元安川親水テラスは、原爆ドームの対岸に、原爆資料館を背にして設置されている。実は、有名な丹下健三の手になる原爆資料館の建物は、原爆資料館と原爆ドームを結ぶ都市レベルの軸線を意識して建築されている。原爆資料館から真っ直ぐ軸線が通って、鎮魂の灯を灯す祭壇を抜け、その向こうに原爆ドームがあるという配置になっている。そしてさらに歩を進め、川に出たところにこのテラスは設計されていることになる。

中村は太田川の基町護岸のプロジェクトの当初から、丹下健三が提示した原爆資料館と原爆ドームを結ぶ都市軸の重要性を認識し、この都市軸と河川が交わる箇所には広島の都市デザインとして最重要の配慮をすべきと唱えていた。そんな中村であるから、テラスについても細かなデザイン提案を行っている。

一つは河川工事と公園との関係である。上段のテラスは公園側に切り込む形でデザインされているが、これに関しては公園側の強い抵抗があり、哲学論争的な話し合いが延々と何ヶ月も繰り広げられたという。河川、公園という縦割りの弊害に辟易としながらも丁寧にその利を説き、なんとか公園と一体となったテラスの整備にこぎつけた。

第3回元安川護岸整備計画策定委員会に提示されたスケッチ

整備された元安川の親水テラス

もう一つはディテールについてである。笠石をきちんと見せる、玉石と切石の対比をしっかりとさせるといったこれまでの河岸テラスを踏襲したデザイン配慮に加え、下段テラスの線形を直線にせずに僅かな膨らみを持たせることについては、最後の最後までこだわったという。下段テラスの延長が約100mと他のテラスに比べて長いこともあり、このこだわりは絶対不可欠であり、その効果は大きかったといえる。

テラスは対岸の原爆ドームを眺める新しい視点場を平和記念公園に生み出し多くの人が集まる場所となっている。そして毎年八月六日には市民による灯籠流しが行われるなど、平和を願う特別な場所ともなっている。しかしそれ以上に、元安川親水テラスの整備は、一つの親水テラスの整備の意味を越えて考える必要がある。中村の言を借りれば、「河岸テラスという小さな道具立てを作って、非常に大きなスケールの都市デザインを完成させた」ということになる。

我が国の都市づくり、特に現代の都市づくりおいて、明確な都市軸のコンセプトに基づいて都市景観が形成された例は少ない。しかも、都市軸と河川とが交わる箇所に着目したことは極めて稀でありその意味は大きい。こうした積み重ねが、川が都市を編集することにつながるのだと思う。

②中央公園との一体連携および空鞘橋アンダーパス

手元に、中村が太田川工事事務所に宛てたファックスの原稿がある。手書きでA4用紙6枚である。

太田川の水辺整備に関して、中村が常に気に留め、折につけ太田川工事事務所と連絡をとっていたことがわかる。平成一五年（二〇〇三）六月二八日の日付のファックスでは、市の中央公園との連携一体化とそれに関連した空鞘橋のアンダーパス整備について意見を求められたのであろう。手書きのスケッチを多用しながら、基町護岸整備のときからの変わらぬ思いを伝えている。

事務所から提示されたイメージ図でもわかるように、中央公園との連携一体化をにらんだ空鞘橋上流部の整備は「水の都ひろしま」構想のモデル地区である。

中村のメモをみると、「空鞘橋上流部はゆったりとしたおおらかな景観美によって太田川のシンボルとして全国的に知られるようになってきている」ことから「原則として、水際部の形状変更は最小限にとどめること」を希望している。具体的には、空鞘橋上流の既存の玉石護岸の表情を大きく変えることになる、長大な緩傾斜階段や護岸水際部への覆土砂の再考を求め、空鞘橋のアンダーパスについても極力短く抑えるようにアドバイスしている。

中村らしいのは、提示されたイメージをただ否定するのではなく、その理由をわかりやすく説明するとともに代替の案を提示していることである。例えば、護岸水際部の覆砂の計画については、護岸並行型の玉石の列（覆砂を留めるために必要になる水際部の玉石）は玉石護岸と景観的競合するので好ましくないとし、玉石を透過水制型に突き出して砂をためる方が良い、としている。また、大きく引き込んだ台船の設置スペースの上流脇に計画されているカヌー等の搬出入用の緩傾斜スロープ階段についても、川の流れからしてこの場所は砂が付きやすいことを指摘し、下流側に設置することを提案している。玉石の透過水制型の突き出しや、砂の付きやすさの指摘など、太田川をずっと見続けてきたエンジニアとしての眼からの指摘であ

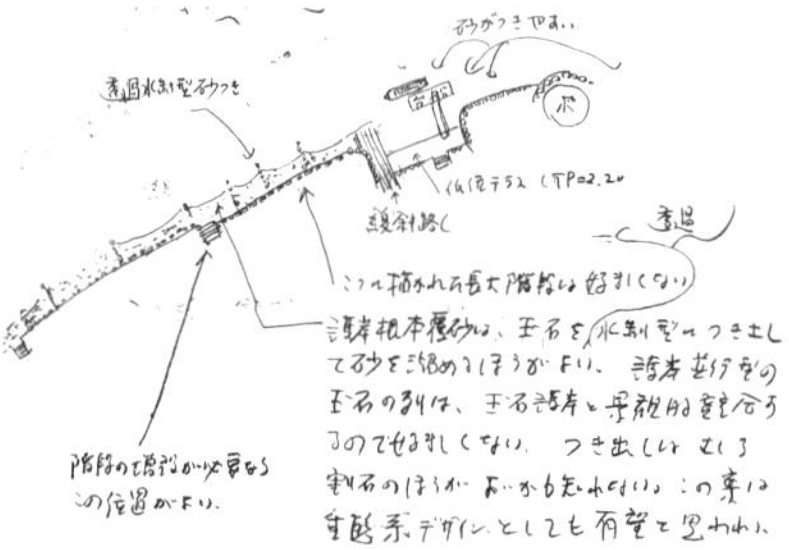

中村良夫自らが描いたスケッチ

水の都ひろしま構想モデル地区パース

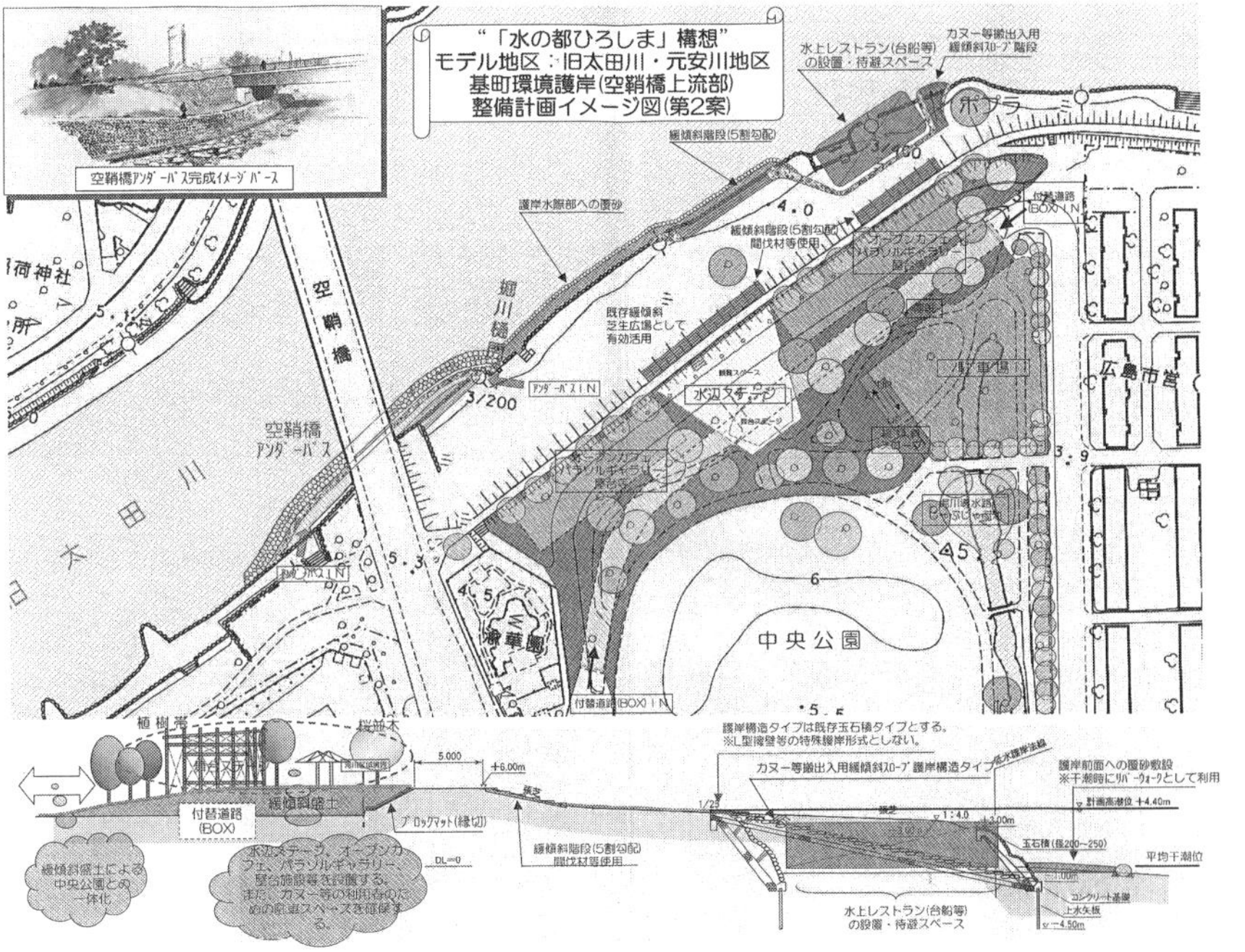

る。

　中央公園との連携一体化は、基町護岸整備の時点からの中村の大きな懸案事項であり、より具体的なイメージを進言している。

　連携一体化のためには、中央公園との間に走る車道をどう扱うかが大きな問題であり、ボックスカルバート案（スーパー堤防案）、橋梁案の２つのイメージを作成している。

　ポイントはやはり、川とまちを如何に繋ぐかにある。ボックスカルバート案では計画案にある水辺ステージの観覧席と舞台の配置を逆向きにし、観客が舞台越しに水辺へ視線を向ける方が良いのではと提案している。橋梁案の場合は、この関係は創り出せないが、河川敷の広場から中央公園に渡る橋梁の軸線方向に広島城天守閣が眺望できるようにすることを提案している。

　私の目から見ても、やはり原案は無いと思う。連携一体化と言いながら堤防天端を境に川側と公園側とに分かれてしまっている。水辺ステージは名前だけで、水辺と何の関わりもない。水辺ステージと名付けるからには観覧席から水面が見える形となり得るボックスカルバート案が望ましいと中村は考えていたのではと想像する。それを裏付けるかのように、中村は橋梁案をもう一案提案する。そこでは、河川敷に野外劇場を配置し、観覧席から舞台越しに水面が見える形を提案している。

　今日現在、中央公園との連携一体化はまだ具体化していない。どんな形での連携一体化がなされるのか、「水の都ひろしま」の大きな宿題であろう。

　思うに、基町環境護岸は中村が広島のまちに打ち込んだ布石である。水辺の整備は都市を編集する川を考える上での王道の手法である。四〇年近く経ったが、この

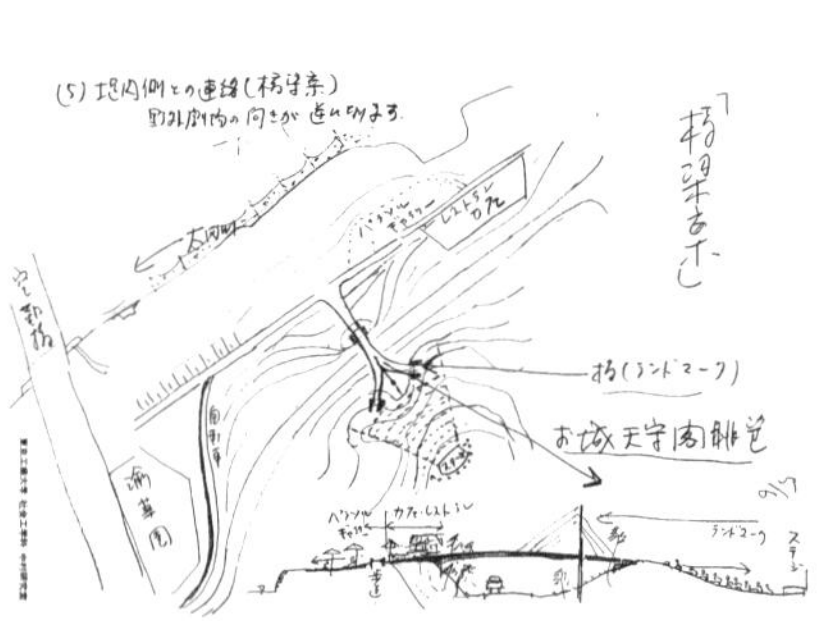

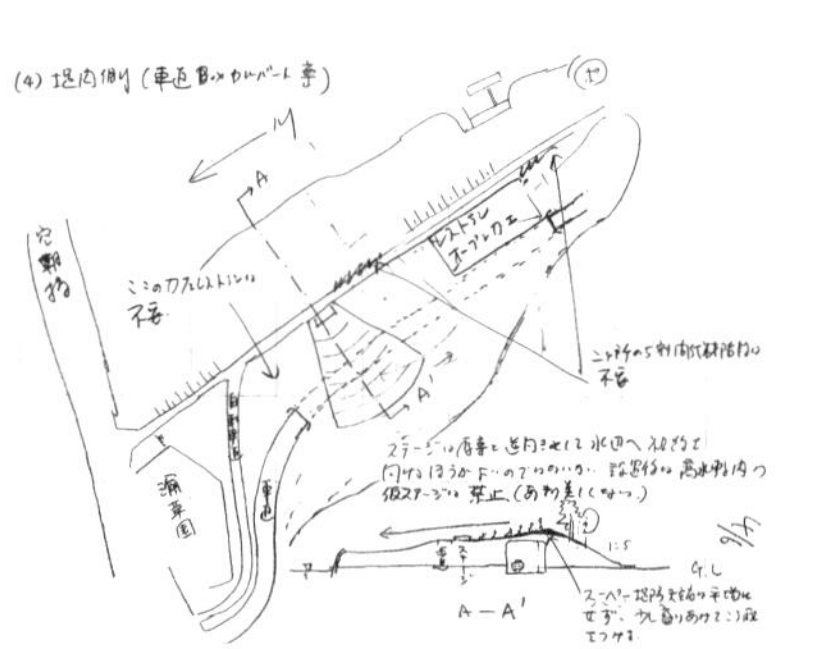

布石が効いていくのか、どのような形で効いていくのか、これからのまちづくりに期待したい。

なお、空鞘橋のアンダーパスについては、整備が行われている。橋梁部のアンダーパスは水の都整備構想、さらにはその後の「水の都ひろしま構想」においても、水辺をネットワークさせるためのハード施策の柱の一つであり、随時、橋梁部のアンダーパスの整備が実施されている。

③広島城跡堀川浄化事業

広島城の堀はかつては三重に巡らされていたが、外堀、中堀は埋め立てられ、現在は内堀だけが残されている。元々の広島城の堀の水は、現在の三篠橋付近から太田川の水を取水し、外堀、中堀を経て内堀に流れ込んでいた。明治以降の外堀の埋め立てとともに取水口も塞がれ、堀の水位は地下からの湧水と雨水により保たれていた。しかし、昭和三〇年代以降の都市化、それに伴う地下工事や地下水の汲み上げの影響により堀の水位低下が顕著になり、堀の石垣も危険な状態となった。そのため、昭和四〇年（一九六五）からの五カ年計画で大々的な石垣と堀の改修工事が行われた。この工事では、水が溜まった状態を維持し続けることが命題であり、堀の底にシートを敷き、石垣からの漏水を防ぐため石垣の基礎部分に止水壁が施工された。そしてポンプで井戸から水を汲み上げ、内堀に水を溜め、大量のコイやハクチョウが放された。しかし、水のやりとりが無くなり巨大なプールのようになった内堀では、コイなどが食べきれなかった餌や排泄物、プランクトンなどで急速に水質の悪化が進んだ。その後、循環ろ過施設や水中攪拌装置、浮遊物沈殿槽の設置な

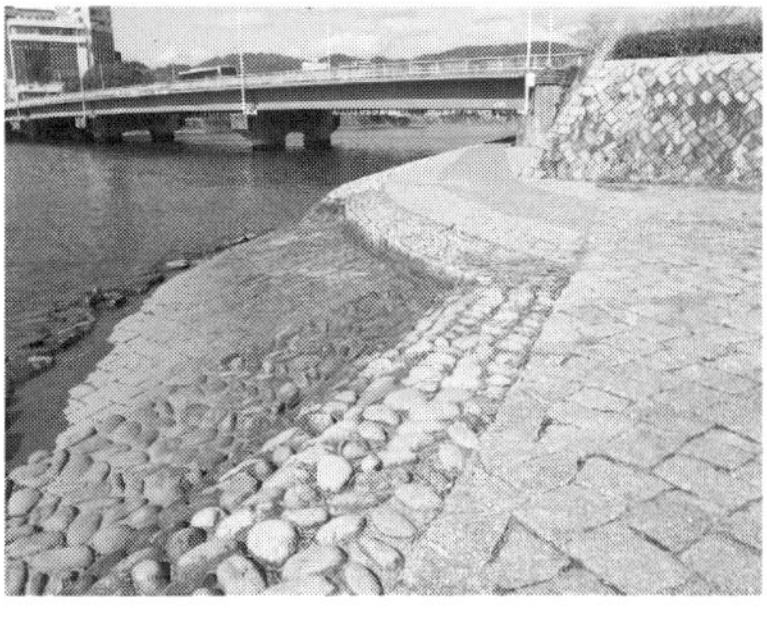

空鞘橋アンダーパス（左岸）

どの対応が行われたが、抜本的な解決にはいたらなかった。

平成元年（一九八九）、広島城築城四百年を記念して、広島城跡堀川浄化事業が行われる。ここでは、かつてのように太田川から水を取り入れ、お堀を川として水を還流させ続けることで水質を改善する試みが行われる。建設省と広島市が共同で実施したこの事業で、内堀、内堀から太田川への流出路は準用河川「堀川」に指定され、太田川から内堀までの導水路も整備された。事業は平成五年に完了。内堀の水質は改善され、導水路、流出路の一部は中央公園の中のせせらぎ河川として整備された。市内を流れる大河の流れを身近な形の流れとして街中に取り込む。日本の流水デザインの伝統的な手法ともいえる鑓水（やりみず）のデザインである。

堀川浄化事業に対する中村良夫の係りを示す直接的な資料は残念ながら手元にはない。「取入れ口、返し流出口については細かく意見を述べた記憶がある」との中村の言があるだけである。両サイドに階段を配した取入れ口のデザイン、流出口から既設の玉石護岸に沿って走る玉石張りの水路壁のデザインをみると、中村が細かく意見を述べたというのは確かだろうと思われる。「大河川の水を堤内に取り入れる手法は大事なのでぜひ実現するように進言した」とも語っている。護岸、テラスといった直接的な水辺のデザインとは別のものとして、伝統的な鑓水のデザインに広島のまちを編集する可能性を中村は見ていたのであろう。

取入れ口のデザイン

返し流出口のデザイン

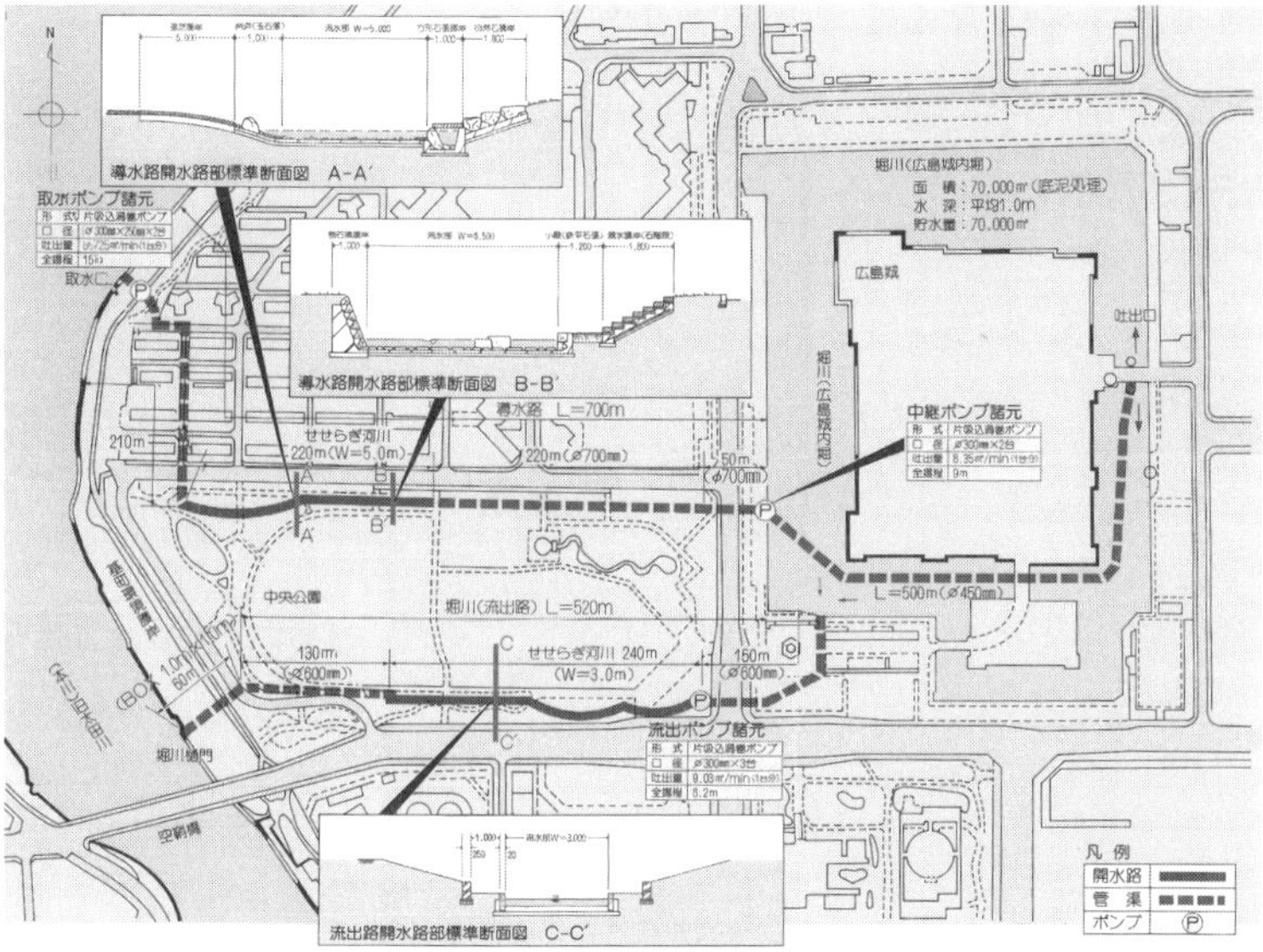

堀川浄化事業全体平面図（広島城跡堀川浄化事業パンフレット）

中央公園の中を流れるせせらぎ河川

（4）景観整備からまちづくりへ

広島にて「水の都整備構想」が策定された平成二年（一九九〇）、建設省から全国に「*多自然型川づくり」の通達が出された。これは、主に河川行政の観点から、「治水・利水」を主としてきた、これまでの川づくりに「親水」という概念を導入しよう、という流れから提案されたものであった。自然環境や生態系に配慮した「環境」機能を河川の本来的機能として捉えた河川技術者たちは、コンクリートや人工素材を水辺に持ち込むことを拒み、石や木組み、植生などを用いた伝統的河川工法や、*近自然工法を川づくりにおいて実践していった。しかし、様々な活動を想定しなければならない都市部の水辺ではなかなか多自然型川づくりは進展せず、以降、全国の水辺で自然環境や生態系に配慮した「環境」機能、と生活空間の潤いや都市的アメニティを高める「景観」機能のバランスが問われることとなった。

平成三年（一九九一）六月、雲仙普賢岳噴火による島原地方の被災、平成五年（一九九三）七月、北海道南西沖地震による奥尻島の被災、平成七年（一九九五）一月には阪神淡路大震災と、九〇年代初頭に数々の自然災害に見舞われた日本列島では、災害復興の中で活躍するボランティアの方々に注目が集まり、以降日本社会にもボランティア活動が根付き、一九九五年は「ボランティア元年」と呼ばれるようになった。

広島市では、一九七五年から四期一五年市長を務めてきた荒木武氏から、平岡敬氏が新市長となり、一九九九年までの二期八年市長を務めることになった。平成六年（一九九四）には、広島アジア大会が開催され、広島市の公民館では「一館一国」のおもてなし運動がすすめられた。まさに、このおもてなし運動も、広島市民のボ

＊多自然型川づくり
建設省（当時：リバーフロント整備センター）関正和氏がスイス・ドイツの近自然河川工法を知り、その導入に尽力し、平成二年（一九九〇）河川局から『「多自然型川づくり」の推進について』として全国に通達された。後に「多自然かわづくり」と改称されている。

＊近自然工法
スイスやドイツで用いられてきた、川そのものの流れや生態系に配慮した河川工法を指す。日本へは、福留修文氏（当時：西日本科学技術研究所）が紹介した、とされる。

ランティアによってなされたものであった。

　平成八年（一九九六）には、原爆ドーム世界遺産になり、広島の水辺には「景観」以外にも、「観光」や「まちづくり」などのキーワードも関係が深くなり、行政や特定の事業者だけが「景観整備」を行うのではなく、地域住民も観光客と一緒になって、まちづくりとして景観整備に協働するような態勢が見受けられるようになった。

　平成九年（一九九七）には、河川法が改正され、「環境」の概念が内部目的化され、公共事業の効果計測や効果的な事業評価のために、元安川ではオープンカフェの「社会実験」などが開かれた。これらの流れは、いずれも公共空間やまちづくりに対して、参加・参画する市民社会構築の成果として考えることができ、平成一一年（一九九九）には、広島市において水辺の公開空地第一号となるＪＡＬシティホテルが竣工した。河岸緑地と一体となったテラスやサンクンガーデン、川とまちを結ぶフットパスの整備など、水辺の諸活動を支えるインフラストラクチャーづくりが、民間資本による民地も参入して進められた素晴らしい先進事例と言える。

　ハード整備のみならず、景観まちづくりとして、まちを楽しむ姿そのものが、都市景観となるような活動として、

旧ＪＡＬシティホテル水辺の公開空地

広島のカフェテラス倶楽部の活動が開始されたのも、この頃であった。「先ず自分たちでやってみる、動きながら考える」をモットーに、一九九五年（平成七）六月に結成して以来、月に一度以上は広島のどこかでカフェテラスを開催してきた。「賑やかで、ほっとする、広島の新しい風景を創りたい」と、基町POPLa（ポップラ）通りや平和大通り、平和公園親水テラスなどで、椅子やテーブルを自由に配置し、風景に馴染む空間を演出し続けてきた。

RCC文化センターサンクンガーデン

第5章　水の都ひろしま――水辺デザインの広がり

〈二〇〇三年～〉

田中　尚人・岡田　一天

平成一五年（二〇〇三）太田川基町護岸は、土木学会デザイン賞「特別賞」を受賞した。ちょうどこの年、新しい広島の水辺のビジョン「水の都ひろしま」構想が策定された。ハードからソフトへ、「つかう・つくる・つなぐ」を合言葉にしたこの構想が、太田川の水辺デザインの新しい枠組みとなる。

（1）「水の都ひろしま」づくり

平成一五年（二〇〇三）　水の都ひろしま構想策定

水の都整備構想策定後10余年が経過し、社会経済の状況や市民ニーズなどが大きく変化してきた中で、水の都づくりにおいても、これまでの護岸や緑地などの着実な整備に加えて、既に整備された河岸緑地における様々なまちづくり活動を促進することにより、川や海を市民に身近なものにすることがより重要になってきた。そこで、平成一四年（二〇〇二）一〇月に、広島の豊かな水辺を活用し、「水の都ひろしま」にふさわしい都市空間を創造することを目的として、市民団体、経済・観光団体、学識経験者及び行政機関の関係者で構成される「水の都ひろしま推進協議会」が設置された。同協議会は、平成一五年（二〇〇三）一月に、水辺などにおける都市の楽しみ方の演出、都市観光の主要な舞台づくり、「水の都ひろしま」にふさわしい個性と魅力ある風景づくり、を目的として水の都ひろしま構想を策定した。

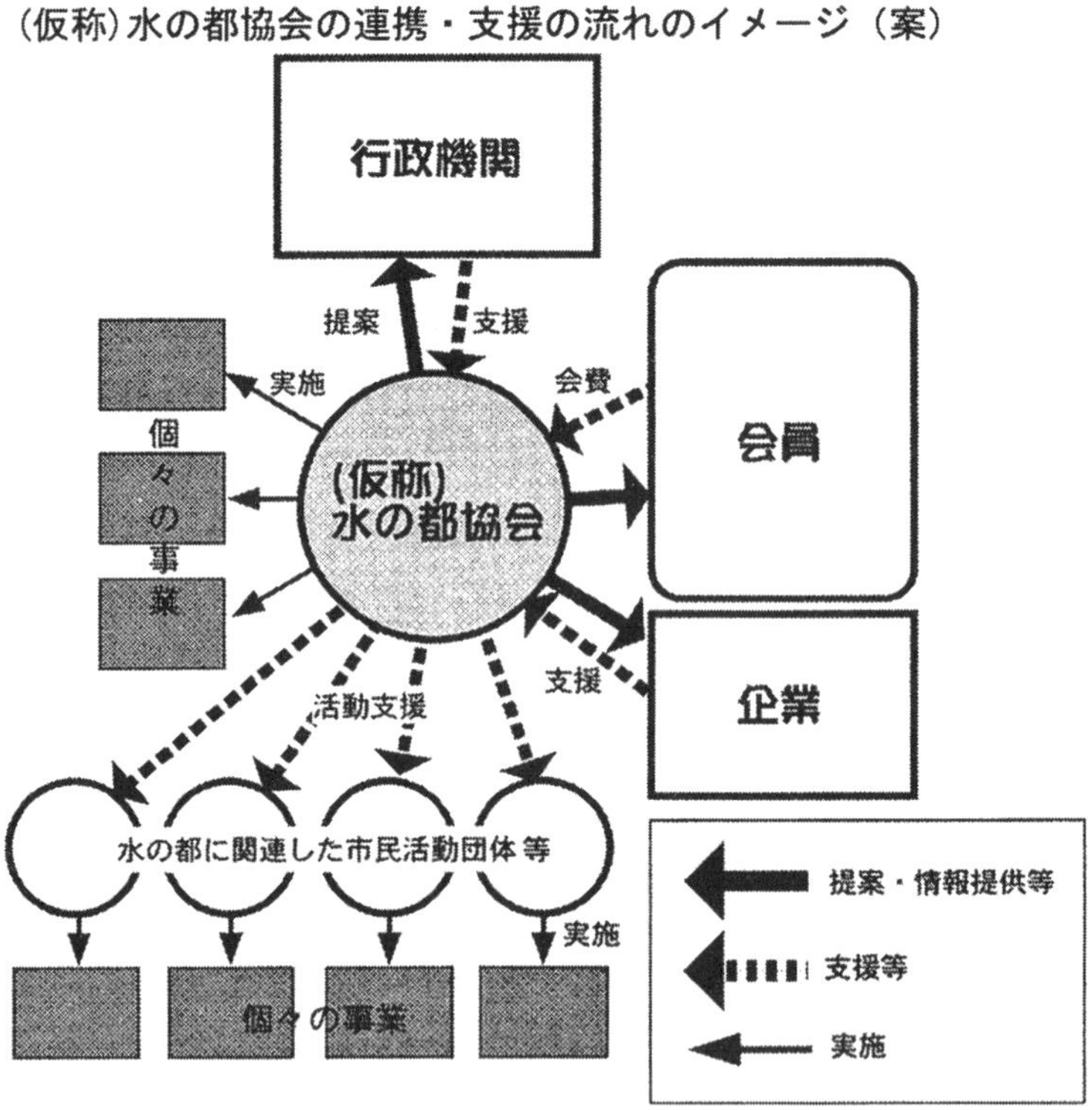

「水の都ひろしま」の事業概要

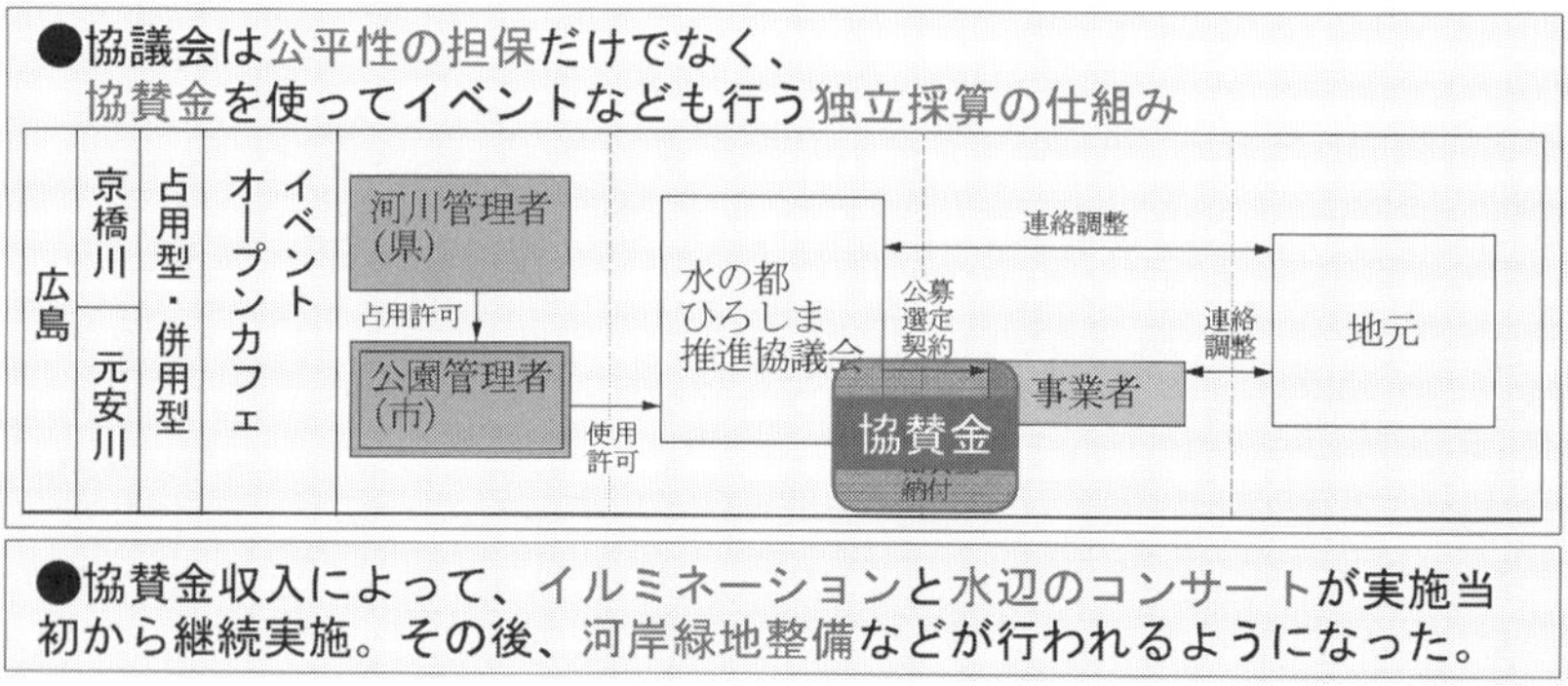

水の都ひろしま推進協議会のしくみ

（市川尚紀、2017年度日本都市計画学会大会WS資料より）

水の都ひろしま構想は、水の都整備構想とは異なり、市民や企業と行政の協働によって策定され、水辺の整備に加えて水辺活用の促進と活動を円滑・効果的にするネットワーク及び仕組みの構築を重視し、今後の水の都におけるライフスタイルの在り方に展望を示した点が特徴的である。また、「水の都をつくるための基本方針」として長期的な目標が掲げられた。更に、この目標を実現するために3つの柱が設けられた。

1. 市民が自ら水辺に深く関わって暮らし、水の都に住み、働き、憩う中で、水辺における豊かな思い出をもつことができること。
2. 水辺がそのような舞台となるために、水辺自体が安全で気持ちよく、楽しい場所となっているだけでなく、暮らしの中心である街なかとのより密接な関係が確保されていること。
3. そのような暮らしや場所づくりを支えるために、水辺を使ったネットワークや水辺利用のためのルールなど、水の都ならではのシステムをもっていること。

これら3つの柱ごとに、具体的な実践方向が20項目提案されており、水の都を「つかう・つくる・つなぐ」行動方針となっている。

基本方針の3つの柱

1. つかう　～市民による水辺の活用

市民がそれぞれの立場で主体的に水辺を活用して、水の都らしい生活を楽しむように、また楽しめるようにしていく。同時に、都市観光をはじめとした都市活

八月六日のとうろう流し

イカダくだりカワニバル

「水の都ひろしま」構想図

この構想図は「20の方針」の内容をイメージとして提案したものです。特に取り組みが望まれる場所を表示したものであり、この他にも可能性のある水辺で展開していくことが望まれます。

また、「水の都ひろしま」構想は、市民の主体的な水辺活動について新たなアイデアを喚起する役割も期待していることから、具体的な事業に展開しにくい内容や実施主体が明確でない内容についても取り組みとしてとりあげています。

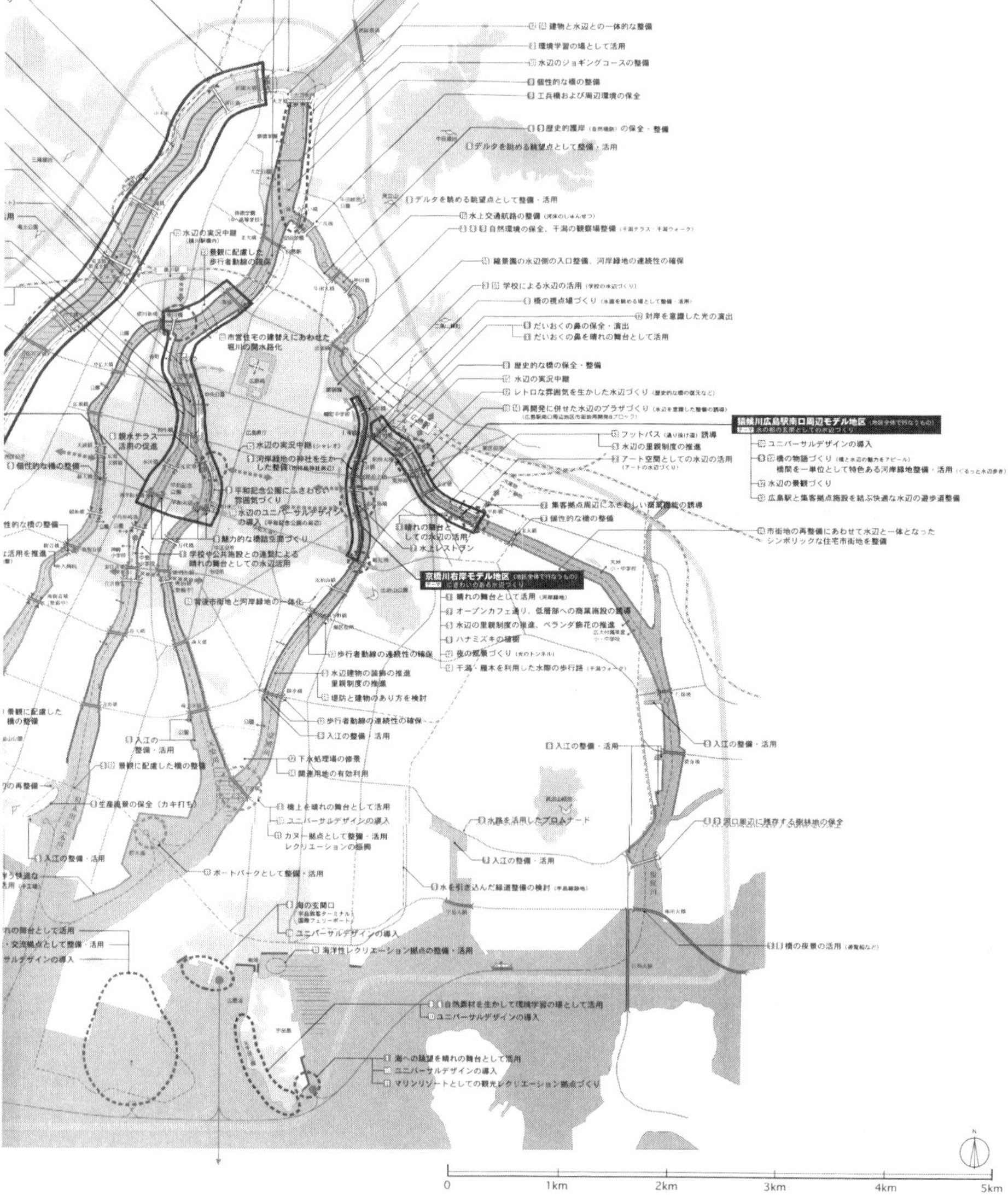

凡　例　＜２０の方針＞

つかう（市民による水辺の活用）

1 水辺を晴れの舞台にしよう
取り組み
・水辺のセレモニーやパーティの企画・商品化
・水辺を晴れの舞台とするための環境整備

2 水辺を暮らしの中に取り入れよう
取り組み
・水辺の日常的利用支援事業　・水辺に日常的に訪れる仕掛けづくり
・水辺を憩いの場とするための環境整備

3 水辺で学ぼう
取り組み
・水の都に関連した学習プログラムの開発
・川の先生・海の先生の育成　・水の都フィールドミュージアムの推進

4 率先して環境に配慮しよう
取り組み
・都心部における自然環境の保全　・川や海の環境保全に関する市民の参加
・水辺の環境についての情報発信　・水循環への配慮・クリーンアップイベントの開催

5 水辺を飾ろう
取り組み
・住民や企業による水辺建物の装飾　・水辺の里親制度（市民による河岸緑地管理）の実施
・デコレーションイベントの実施

6 水の都の風物詩をつくり育てよう
取り組み
・水の都に関わるイベントや行事のアピール　・イベントや行事への水の都らしさの取り入れ
・新しい水の都の風物詩づくり　・水辺に風物詩をつくり育てるための環境整備

7 街の元気につなげよう
取り組み
・水辺への商業施設の誘導
・商店街における水辺の活用と川の駅の設置

商業施設を水辺へと連続させる

8 観光資源として活用しよう
取り組み
・水の都観光の企画、商品化　・新しい観光資源の開拓　・海の観光拠点づくり
・水の都に関わる観光情報の提供　・水の都に関わる観光受入れ機能の強化

既存の観光ルートと連携を図るべき水辺
眺望を生かした観光資源

つくる（水辺空間の整備とまちづくりとの一体化）

9 個性的な水辺をつくろう
取り組み
・場所に応じた水辺の名所づくり　・橋の名所づくり　・市街地内での新しい形式の水辺の創出
・自然豊かな水辺づくり　・漁業との共生

10 誰もが楽しめる水辺にしよう
取り組み
・重点地区におけるユニバーサルデザインの導入　・保健・福祉的な視点での水辺利用の促進
・公開空地の水辺への誘導と積極的な活用の推進
・水辺に直接面した民間施設の公益的な空間づくりの推進

11 泳げ遊べる水辺にしよう
取り組み
・子どもが泳げ遊べる川づくり　・海と遊べる環境づくり
・水辺での遊びを推進するための環境整備　・水質・底質の改善

海と川のレクリエーションエリア

12 水辺の景観を美しくしよう
取り組み
・リバーフロント建築のデザイン＊・美化　・水辺の構成要素のデザイン・美化
・夜の風景づくり　・港の景観計画の策定
＊水辺から200mの範囲において「リバーフロント建築物等景観形成協議制度」に基づく景観誘導を行う

13 水辺に行きやすく、水辺を歩きやすくしよう
取り組み
・水辺の歩行者空間の連続性の確保　・水辺に隣接する街区内へのフットパス（通り抜け道）づくり
・水辺における歩行者系ネットワークの確立　・水辺沿いの快適な歩行者環境づくり

アンダーパス＊（整備済み）
アンダーパス（計画）
河岸緑地等（整備済み）の魅力化
河岸緑地等の延伸・歩行者環境づくり（計画）
＊アンダーパス
橋梁下の連続した遊歩道

14 水辺と街を一体的にデザインしよう
取り組み
・水辺と一体となった民間施設・公共施設のデザインの促進
・水辺と街を分断する車道のあり方の工夫
・風の道を生かした建築物の誘導

水辺と背後地を連続させる

15 街の中で水の都を感じられるようにしよう
取り組み
・市街地と水辺をつなぐ整備　・水のギャラリーの設置
・水の都としての特徴の体系的な収集整理と学習
・市街地における水辺の実況中継

つなぐ（水辺のネットワークと水の都の仕組みづくり）

16 水上交通ネットワークをつくろう
取り組み
・水上バス・タクシーの運航　・ネットワークの要となる公共桟橋の整備
・広島の条件に適合するオリジナル船の開発
・安定航路確保のためのしゅんせつや橋梁桁下空間の確保

水上交通航路（現行）
〃　（計画）
海と川の拠点駅（既存）
〃　（計画）

17 水の都をPRしよう
取り組み
・水の都キャンペーンの実施　・水の都の情報誌の発行とホームページの運営
・水の都風土記（ライブラリー）の編さんと展示

18 流域で取り組もう
取り組み
・上・中流域の農山村との交流
・流域全体としての取り組み

19 水の都のルールをつくろう
取り組み
・水の都にふさわしい市民マナーの普及
・水辺空間利用のルールづくりとその普及

20 水の都を盛り上げる組織をつくろう
取り組み
・水の都に関わるNPOや市民活動組織の育成
・水の都を推進する組織づくり

主要な活用・整備ポイント

にぎわいをつくり出す場
スポーツ・レクリエーションの場
自然環境を保全し、創出する場

土地利用等

公園・緑地（公園はデルタ内の地区公園・近隣公園・運動公園のほか、水辺の街区公園および平和記念公園を含む）
商業地域
水面
都市計画道路（整備済み）
都市計画道路（未整備）

水の都ひろしま構想対象区域

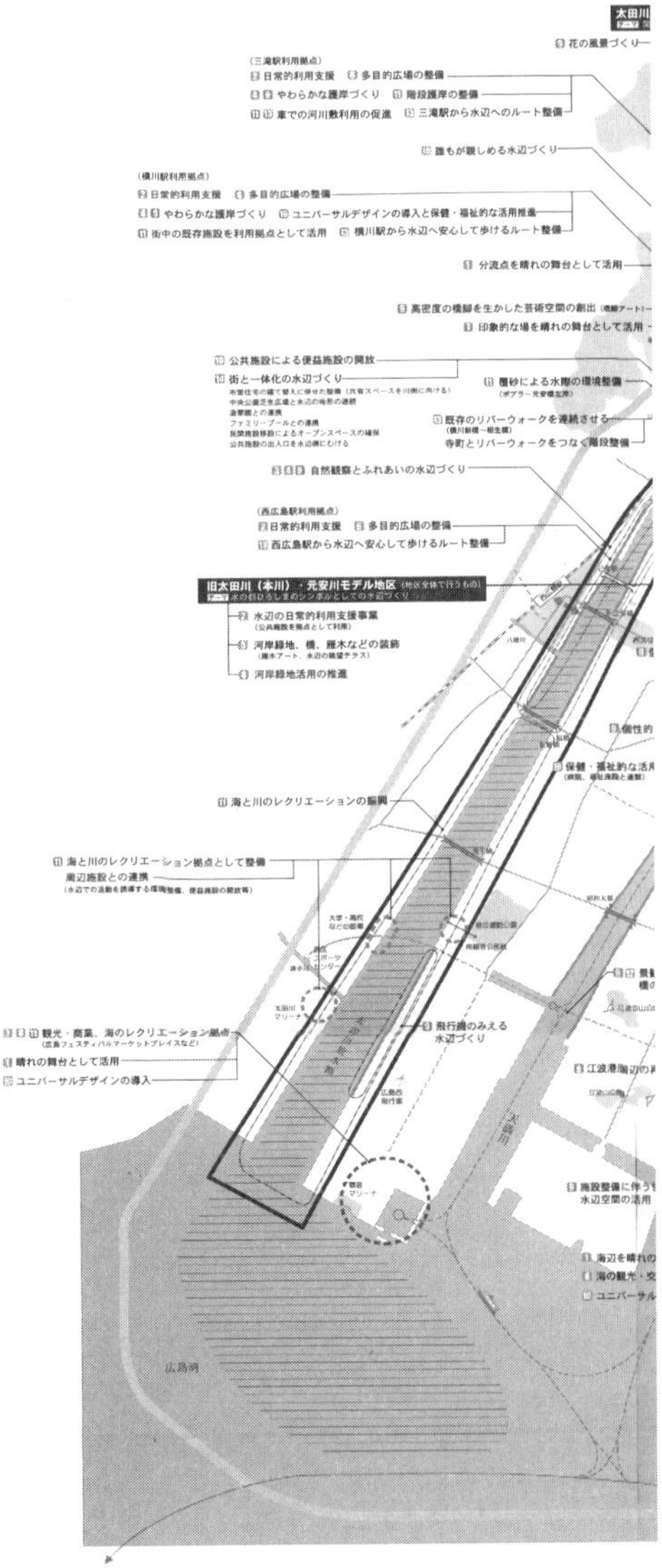

動の中で、水辺を役立てていくことにも積極的に取り組む。

2．つくる　～水辺空間の整備とまちづくりとの一体化

水辺が気持ちよく、楽しく、美しく、安心できる場所となるよう、必要な整備を進める。また、水辺が都市の空間構成の中でより重要な位置づけを占めらえれるよう、まちづくりと一体となった取り組みを進める。

3．つなぐ　～水辺のネットワークと水の都の仕組みづくり

水辺の葛生や施設などを相互につないで、「つかい」「つくる」取り組みがより円滑に幅広く展開されるような、水の都にふさわしいシステムをつくりだす。このために、水上交通による物理的なネットワークをつくる一方で、行政や市民活動団体を横につなぐ社会的なネットワークをつくり、ＰＲや流域連携、ルールづくりなどのための横断的・組織的な仕組みづくりを進める。

水の都ひろしま構想　基本方針の3つの柱「つかう・つくる・つなぐ」20の方針

二〇一三年度、この水の都ひろしま構想をきっかけとして、水辺の市民活動を支える「助成制度」が設けられ、市民が中心となった「ひろしま川通り活用委員会（通称：ＣＡＱ）」が、川のそばの道、車の進入のない川沿いの道を「川通り」と呼び、この川通りに名前（愛称）をつけることで、市民と水辺の関係をもっと深めようと「川通りの命名プロジェクト」を計画した。二〇〇四年一月に命名された3本の「川通り」が発表された。

①京橋川（栄橋、上柳橋、京橋、稲荷大橋、柳橋、東広島橋、鶴見橋）右岸

「京橋 川ばた通り」（栄橋～鶴見橋）

20の方針

こんな水の都にしたい。

水の都づくりの目標

つかう 1: 市民が自ら水辺に深く関わって暮らし、水の都に住み、働き、憩う中で、水辺における豊かな思い出を持つことができること。

つくる 2: 水辺がそのような舞台となるために、水辺自体が安全で気持ちよく、楽しい場所となっているだけでなく、暮らしの中心である街なかとのより密接な関係が確保されていること。

つなぐ 3: そのような暮らしや場所づくりを支えるために、水辺を使ったネットワークや水辺利用のためのルールなど、水の都ならではのシステムをもっていること。

1 市民による水辺の活用

つかう

市民がそれぞれの立場で主体的に水辺を活用して、水の都らしい生活を楽しむように、また楽しめるようにしていきます。
同時に、都市観光をはじめとした都市活動の中で、水辺を役立てていくことにも積極的に取り組んでいきます。

1 水辺を晴れの舞台にしよう

■水辺での結婚式のワンシーン

水の都にふさわしく、式典やプライベートなセレモニー、パーティなど人生の大切なワンシーンを水辺で開催できるようにする。

2 水辺を暮らしの中に取り入れよう

■テーブルやベンチを貸し出して水辺に置く

日常的な暮らしの中で、散歩や休憩など何気ない楽しみの場、憩いの空間として大いに水辺を利用する。

3 水辺で学ぼう

水辺を使って、誰でも、いつでも、学べるようにし、学んだことが評価されるようにしていく。

4 率先して環境に配慮しよう

人間だけでなく生きもの全てにとっての水の都であることをめざし、市民の環境意識を高めながらデルタの環境を保全・再生していく。

5 水辺を飾ろう

■水辺を飾った「100万人の10円献花」ピースフラワーブリッジ

水辺に暮らす人が、自分たちの家や庭、公共空間を美しく飾ることによって、水辺の価値を高め、市民や観光客に華やかな風景を提供する。

6 水の都の風物詩をつくり育てよう

■夏の花火大会

水の都らしい風物や行事を水辺で行うことにより、豊かな水の都の文化を育てるとともに魅力的な観光資源にしていく。

7 街の元気につなげよう

■川の駅イメージ

商店やレストランなど、街の活動が顔を出し、水辺がにぎやかで活気のある場所となっていくようにする。

8 観光資源として活用しよう

水辺を広島の都市観光資源としてもっと活用し、既存の観光資源にも水辺の魅力をつけ加えて、「水の都ひろしま」の都市イメージを発信していく。

2 水辺空間の整備とまちづくりとの一体化

つくる

水辺が気持ちよく、楽しく、美しく、安心できる場所となるよう、必要な整備を進めます。また、水辺が都市の空間構成の中でより重要な位置を占められるよう、まちづくりと一体となった取り組みを進めます。

9 個性的な水辺をつくろう

■個性的な親水護岸

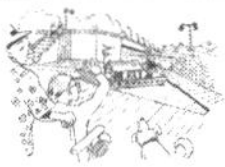

それぞれの水辺の特徴を生かして、広島ならではの自然、歴史、文化が感じられるような水辺にしていく。

10 誰もが楽しめる水辺にしよう

子どもも高齢者も障害者も、誰もが行け、集い、楽しみ、交流できるような開かれた水辺づくりを行う。

11 泳げ遊べる水辺にしよう

容易に水面に近づくことができ、安心して泳げ、安全に楽しく遊べるような水辺をたくさんつくる。

12 水辺の景観を美しくしよう

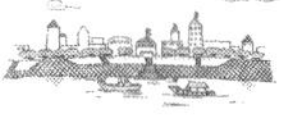

■灯和の径

水辺の建物、環境デザインの質を高め、水辺においてより美しく水の都らしい景観づくりを進める。

13 水辺に行きやすく、水辺を歩きやすくしよう

街と水辺を結ぶ、あるいは橋による分断を補完する歩行者動線を確保することにより、どこからでもすぐ来られて、どこまでも安心して歩いていけるような、快適な歩行者空間をつくる。

14 水辺と街を一体的にデザインしよう

■中央公園と水辺との一体的整備のイメージ

水辺と街の要素とを一体的に調和のとれた関係となるように配置し、公園や街並みなどがもっと水辺の魅力を受けられるように、またそれによって水辺の空間がより利便性が高く拡がりをもてるようにする。

15 街の中で水の都を感じられるようにしよう

水の豊かさ、身近さが街にいても感じられ、水の都らしい雰囲気が街中にあふれるようなまちづくりを進める。

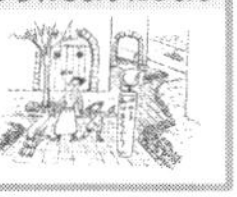

3 水辺のネットワークと水の都の仕組みづくり

つなぐ

水辺の活動や施設などを相互につないで、「つかい」「つくる」取り組みがより円滑に幅広く展開できるような、水の都にふさわしいシステムをつくりだします。
このために、水上交通による物理的なネットワークをつくる一方で、行政や市民活動団体を横につなぐ社会的なネットワークをつくり、PRや流域連携、ルールづくりなどのための横断的・組織的な仕組みづくりを進めます。

16 水上交通ネットワークをつくろう

■水上バス・タクシーの実験的運航

水辺の様々な都市機能や観光施設を相互に航路でつなぎ、市民や観光客が利用できるように、水上交通のネットワークを充実させていく。

17 水の都をＰＲしよう

太田川デルタを「水の都」として堂々とPRしていく。

18 流域で取り組もう

■牡蠣（カキ）養殖の業者が上流の山に木を植える

水の都を支える上流・中流域の地域づくりを下流のデルタ地域の住民がサポートするなど、流域全体の視野をもった地域連携の取り組みを積極的に進める。

19 水の都のルールをつくろう

水辺利用の基本的なルールを明解にし、積極的に普及させ、誰もが容易に水辺を活用できるようにしていく。

20 水の都を盛り上げる組織をつくろう

多様で活力のある市民活動やそれらをサポートする市民組織を育成し、市民主体の水の都づくりを継続的に進めていく。

「京橋カフェ通り」（栄橋～上柳橋）
「明神さんの川通り」（京橋～稲荷大橋）
②本川（三篠橋～空鞘橋）左岸
「基町POP'La（ポップラ）通り」
③元安川（相生橋～元安橋～平和大橋）左岸
「8月6日通り」、「灯和の径」（二〇〇〇年記念事業として公募で決定）

（2）市民による水辺のカスタマイズ

平成一六年（二〇〇四）六月、景観法が公布された。この景観法は、国土交通省も自らが発注する公共工事において「景観」を内部目的化するため、平成一五年（二〇〇三）七月に「美しい国づくり政策大綱」を策定した後、国土交通省が中心となり、農林水産省、環境省、文化庁などと連携し立法化した、我が国初となる「景観」に関する法律である。この中で、良好な景観形成には、様々なステークホルダーが想定され、その中で市民の参加、参画は重要であるとされている。まさに、景観まちづくりの担い手として、「景観づくり」に市民が参加する時代となった。

広島の水辺づくり、まちづくりにおいて長らく懸案であったのが、水上バス、水上タクシーの問題であった。安全性や経済性の問題を抱え、いつも話が立ち消えになっていたそうだが、平成一六年（二〇〇四）、NPO雁木組が設立し、水上タクシー「雁木タクシー」の運行が開始された。雁木とは、護岸に施された階段のことを指し、広島で近世期には、水辺に住む人々の敷地内において、直接川へ降りることができる雁木が整備されていたり、物流拠点には巨大な雁木が整備されていたり、などし

京橋カフェ通り

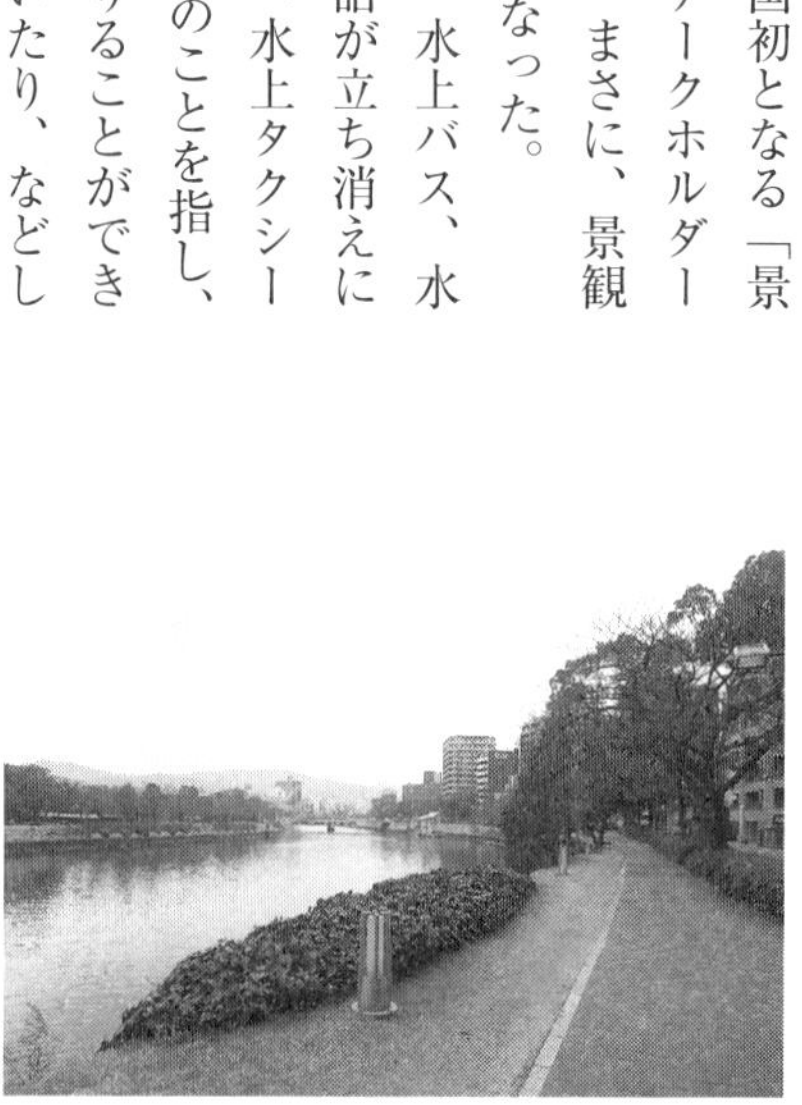
灯和の径

ていた。雁木組は、この雁木に街の暮らしと自然とのしなやかな関係を発見し、雁木を現代の生活に活かそうという目的で発足された。雁木タクシーの運行事業を通じて、広島の川と街の暮らしを豊かにすることを目指したのであった。

平成一六年(二〇〇四)九月七日、太田川の空鞘橋上流左岸の高水敷に、ニセアカシヤの木と対になって地域のランドマークになっていたポプラの木が、台風18号の暴風によって倒れてしまった。地域の方々からは、「ポップラ」の愛称で親しまれていた倒木してしまったポプラの木は、やがて二代目、三代目へと続いていく、広島市民の水辺利用のシンボルとなっていった。

平成一八年(二〇〇六)ポップラ・ペアレンツ・クラブ(PPC)が、ポップラの再生への取り組みをベースに、毎月第4土曜日に基町POPLa通りの草刈りや清掃活動を始めた。樹高26mの空から広島の復興を見続けてきたポプラは、倒木後二〇〇八年一一月一日に切り株ベンチに姿を変え、二〇一一年二月二六日に土に帰り二代目へと世代交代した。しかし二代目も、病気にかかり枯れ、初代ポップラのひこばえのひこばえ、である三代目ポップラが二〇一四年三月に同地に植えられた。

PPCのみならず、近年広島市民の水辺への関心は高まり、映画のロケ地となったり、フリーマーケットが開催されたりしている、周辺の小学校では、ポップラをモチーフに環境学習が行われるなど、市民による水辺の利用は多様な展開を見せている。その中でも、平成二二年(二〇一〇)から始まった、水辺の屋外映画上映会は、多くの市民の夏の楽しみとなっている。

雁木タクシーと水辺の結婚式(中村康佑氏撮影)

（3）再びの太田川高潮堤整備

整備の経緯

この時期、中村良夫が携わる太田川の水辺空間整備が再び手がけられる。きっかけは、前述したように、太田川基町護岸が、平成一五年（二〇〇三）に土木学会の景観・デザイン賞の特別賞を受賞したことによる。受賞を記念して、広島でシンポジウムが開催された。シンポジウムでは、基町護岸にかかわった中村良夫、北村眞一に加え、その後の河岸テラス整備にかかわった岡田一天、斎藤潮、小野寺康、当時の太田川河川事務所（平成一五年に太田川工事事務所から名称変更）の西牧均所長等を交えた水辺デザイントークが行われた。

水辺デザイントーク終了後の懇談の場で、西牧所長から「今の事務所の職員にも、基町護岸のデザイン検討を行っていた当時の熱気とかやりがいみたいなものが感じられる機会を与えたい」といった趣旨の言葉を受け、「ではもう一度やってみますか」という話になり、中村良夫を総合アドバイザーとして、岡田と小野寺のチームで太田川市内派川の高潮堤の整備を手がけることとなった。

[*]実施設計は地元広島の設計会社のヒロコン、中村チームはデザイン設計原案を作成。事務所担当者、施工者を交えての現場施工監理も複数回実施された。

整備の概要

①元安川羽衣地区

羽衣地区は、元安川の明治橋から南大橋の間の右岸下流側の約400mの区間である。都市の用途地域的には第二種住居地域、上流の明治橋側（今回の直接の設計

現場施工監理の状況

＊太田川・小瀬川護岸修正設計外業務
この項に示すスケッチ等は当該業務の一環として作成したスタディ成果である。

範囲外）の一部が商業地域という用途である。河道は緩やかにS字カーブを描いており、川幅は一〇〇m程度と、のびやかな印象が強い。

標準断面に基づく設計案が既に作成されていたが、高潮堤防としての要件である天端幅5mの確保を条件として現設計および現地の空間状況を見ると、堤防法線位置には若干の変動余裕があった。余裕空間は、下流側の南大橋橋詰部で約5mと大きく、工事区間の中央付近で約1m弱と狭くなり、工事区間上流端付近で約3mと再び広くなる。

デザインに当たっては、この余裕空間をうまく活用することで、画一的・一様な空間の解消を図ることを考えた。具体には、漸次的に変化する余裕空間を活かし、積極的に植栽スペースを創出するものとし、植栽スペースは、人々の利用空間となる堤防天端部と水辺小段部に割り振って確保することとした。そして、これらの緑化スペースを包括する堤防法線の新しい形により、空間全体を大きな領域の単位に分節することを目指した。

デザインの概要は次のとおりである。
・堤防法線（高水護岸の肩線）は、緩やかにS字カーブを描く線形とする。
・動線の入口となる南大橋の橋詰めに天端レベルでの小空間を確保し、ここから小段に至るスロープを整備する。
ポイントは、このスロープに緑地スペースをからませることであり、スロープの山側（天端側）と谷側（水面側）に緑地スペースをとり、

羽衣地区のスタディ模型

結果として、スロープ両側の緑地の中をスロープが通る形とした。また、緑地スペースをからませることで、堤防天端の転落防止柵の設置を回避するねらいもあった。幸いにも植栽については事務所も前向きに対応いただき、谷側にケヤキの高木を1本、山側にヤナギ2本の植栽ができた。

転落防止柵についても、色々やりとりはあったが、何とか設置しない方向で対応いただいた。

・スロープの上流側には、水面に張り出した形の石積の護岸を整備した。この区間の前面には対比的に緑地スペースを設けないことにしたが、そうなると通常は転落防止柵が必要となることから、転落防止の危険回避と腰かけとしても機能するよう、護岸肩部を切り欠いた形状とした。

・この護岸の上流端は、堤防法線が凸から凹に転じる箇所であるが、この場所に階段工を組み込み線形の切り替えを行った。凹型の線形に転じた区間からさらに上流側については、高水護岸の前面に再び緑地スペースを配した。下流側と同様に転落防止柵の回避と高木植栽を意図したものであったが、残念ながら、転落防止柵がまわされることとなってしまった。

・これよりさらに上流側の区間は直接の設計対象区間ではなかったが、明治橋橋詰め部においても橋詰め広場を確保し、同様の基調での空間づくりを要望した。後日、現地に行ってみると、線形の切り替え箇所における階段工の組み込み、護岸肩部を切り欠いた張り出し型の高水護岸などの整備がなされていた。

スロープにからませた緑地スペース（羽衣地区）

護岸片部を切り欠いた石積護岸（羽衣地区）

②本川河原地区

河原地区は、本川の西平和大橋から中島神埼橋の間の右岸下流側の約200mの区間である。用途地域は商業地域となっているが、実際に現地に立ってみると、住宅機能中心の土地利用の印象が強い。

計画区間は緩やかにS字に蛇行した河道形状となっており、低水護岸の一部には30mの延長の階段護岸が整備されていた。また、対象区間の下流側には、中島神崎橋アンダーパス用の斜路が整備されていた。

整備前の状況は掘込み河道に近く、街と川との関係は開放的であった。高潮堤防の整備により、街と川との間に2m程度の擁壁が生じることになり、この擁壁による街と川との分断感を軽減することが大きな課題と考えた。

デザインのポイントは以下のとおりである。

・河道および低水護岸のS字カーブに呼応した堤防法線を基本としたうえで、天端空間の領域性を高めることから、上流側の凹型の堤防法線、下流側の凸型の堤防法線の切り替え部に階段を組み込み、法線の視覚的な分節を行う。（羽衣地区と同様）

・上記階段と既設の斜路との間の凸型の区間にアクセントとなる小階段（幅0・6m程度）を組み込む。

・天端空間に比較的余裕のある対象区間最上流部に、斜路と階段を組み込み、天端空間と水辺小段部との一体性を高める。

・区間下流側の凸型区間においては、転落防止の危険回避と腰かけとしても機能する高水護岸肩部の切り欠きを組み込んだ形状とする。（羽衣地区と同様）

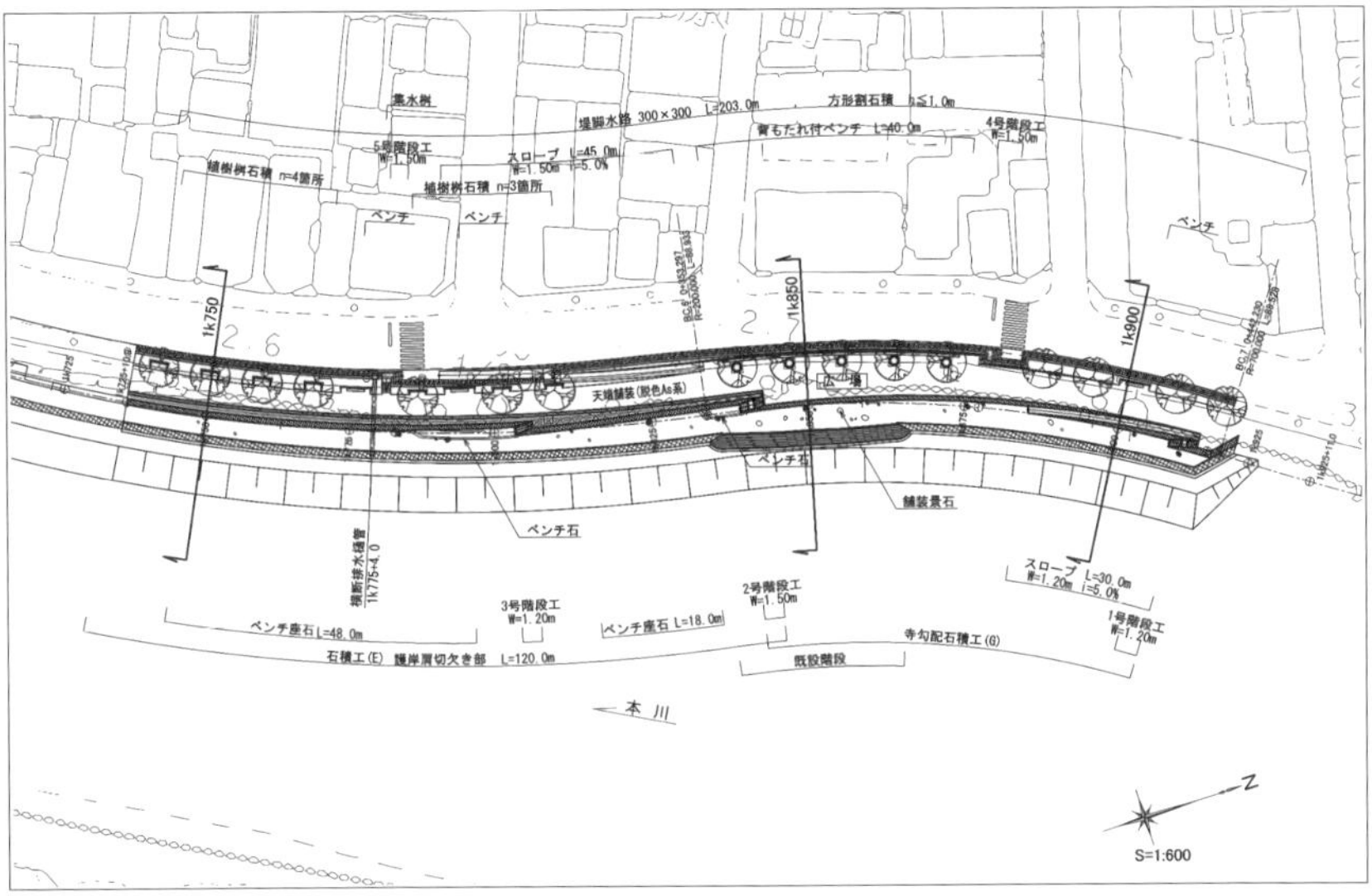

河原地区整備計画図（太田川・小瀬川護岸修正設計外業務）

高潮堤全景（河原地区）

・区間上流側の凹型区間については、既設の水辺の階段護岸に対応して、小段部に腰かけともなる石を組み込んだデザインとすることから、高水護岸肩部の切り欠きは組み込まない。
・羽衣地区に比して、まとまった緑地スペースを確保することや、大きなスケールでの空間の変化が難しいことから、小段に降りる階段部を活用し、階段最下段部に帯状の*延段（のべだん）的な空間を組み込む（階段2段分を縦断方向に延ばした空間）。
・延段部の仕上げは雑割り石の空石張りとし、隙間などから草木が自然発生的に繁茂するようにする。
・縁部には自然石切石をまわすとともに、ところどころに大き目の自然石を組み込み、腰掛けとしても機能する変化を与えるものとする。
・堤内地側の擁壁は高さ感を抑えることから、下部1m程度の高さの石積としたうえで、上部は斜面形状とする。斜面の一部には、天端の桜並木植栽のための石組みの植栽桝を組み込む。

*延段
庭に設けられた石張りの通路。飛石とは違い石と石との隙間がほとんど無いため歩幅を気にせず歩くことができる。

羽衣地区・河原地区の整備が目指したもの

基町護岸から二〇年以上の月日が流れていた。当時は数奇の眼で見られた河川の環境整備、景観設計も今では普通のこととなった（質に関しての問題はあるが）。河川法の大幅改定、河岸等植樹基準（案）の改正など河川整備の枠組みも変化した。基町護岸があってこのような川づくりの流れが生まれたのだと思う。基町護岸と同じことをやっていては進歩がない。今だからできること、今後の川づくりに一石を

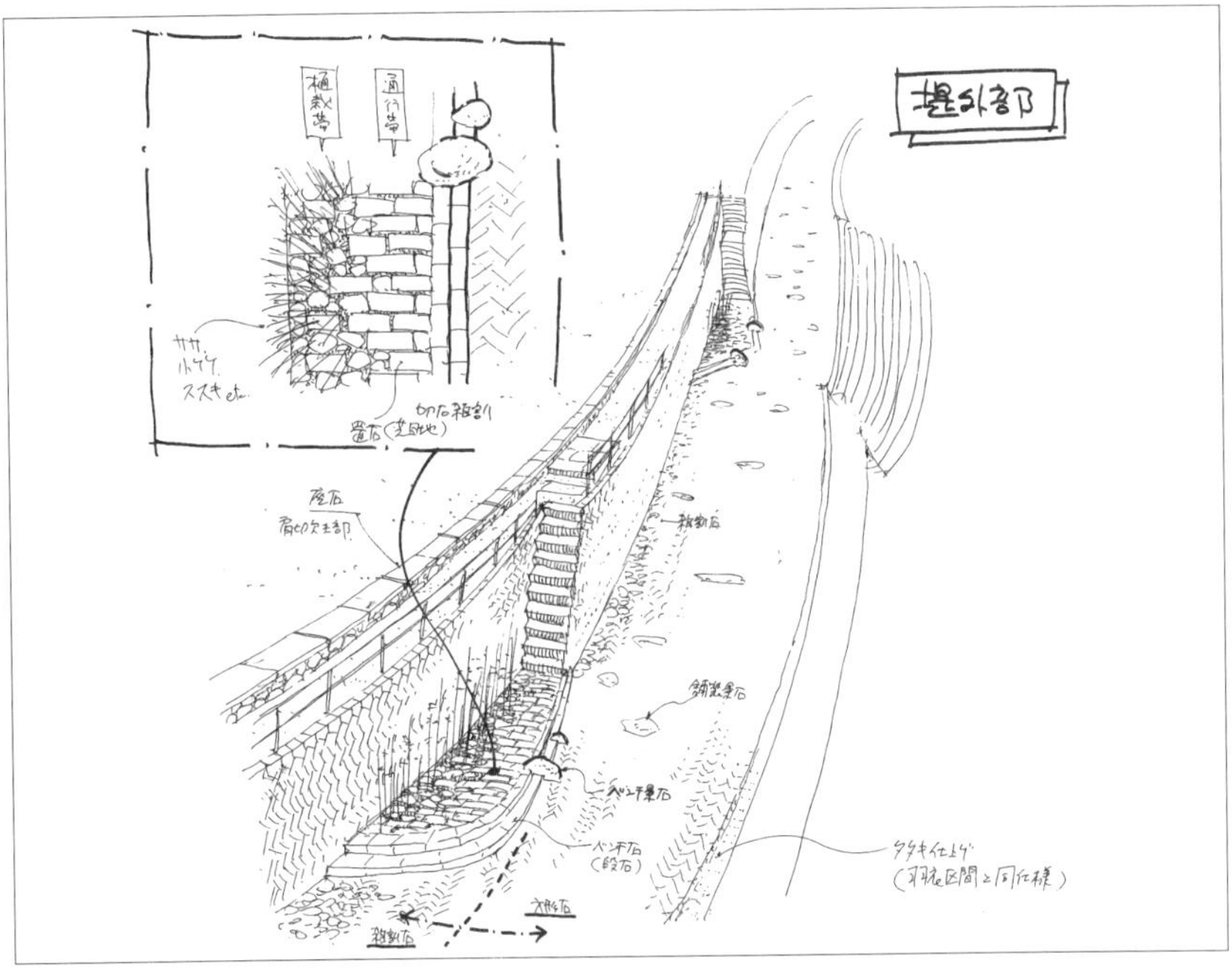

河原地区堤外部イメージスケッチ（小野寺康作画）

階段下の「延段」的空間（河原地区）

投じたい、そんな思いで設計を行った。

目指したのは、一般の住宅地における水辺空間整備のプロトタイプの創出である。基町護岸はその後の水辺区間整備のプロトタイプとなった。その内容についてはあらためて説明するまでもないであろう。ただひとつだけ言えば、それは都心のシビックセンターでの水辺空間のプロトタイプである。基町護岸の背後地には広島市青少年センター、中央公園といった施設が位置している。もちろん、大高正人の設計による基町高層アパートなど水辺に隣接してアパート群といった住宅地もあるが、その本質はシビックセンターにおける水辺空間であったといえる。羽衣地区、河原地区の高潮堤の整備では、普通の住宅地における水辺空間のプロトタイプを創出したいと考えた。

住宅地における水辺空間の整備として考えたことの一つは街側からの眺めである。羽衣・河原地区の高潮堤防は街側から4m程度立ち上がっている。街側から見えるのは、いわゆる裏法と言われる堤防の裏側である。（街からすればこちら側が表なのに何故か川の用語ではこちら側が裏と呼ばれる。）街側からアプローチするとなれば階段やスロープが必要となる。これらの裏側の要素を如何に印象深く、堤防に行ってみたいと思わせるように設えるかがポイントとなる。羽衣・河原地区の高潮堤整備では、川裏側（堤内側）の設えに意を払った。具体には天端の街側に、街から見えるように高木の植栽を施すとともに、街側の街路の突き当たり箇所に階段やスロープを配している。当たり前の整備であるが街と川との関係を考える上では基本である。

もうひとつ意を払ったのは、街から天端、高水護岸、水辺小段（テラス）、低水護岸、

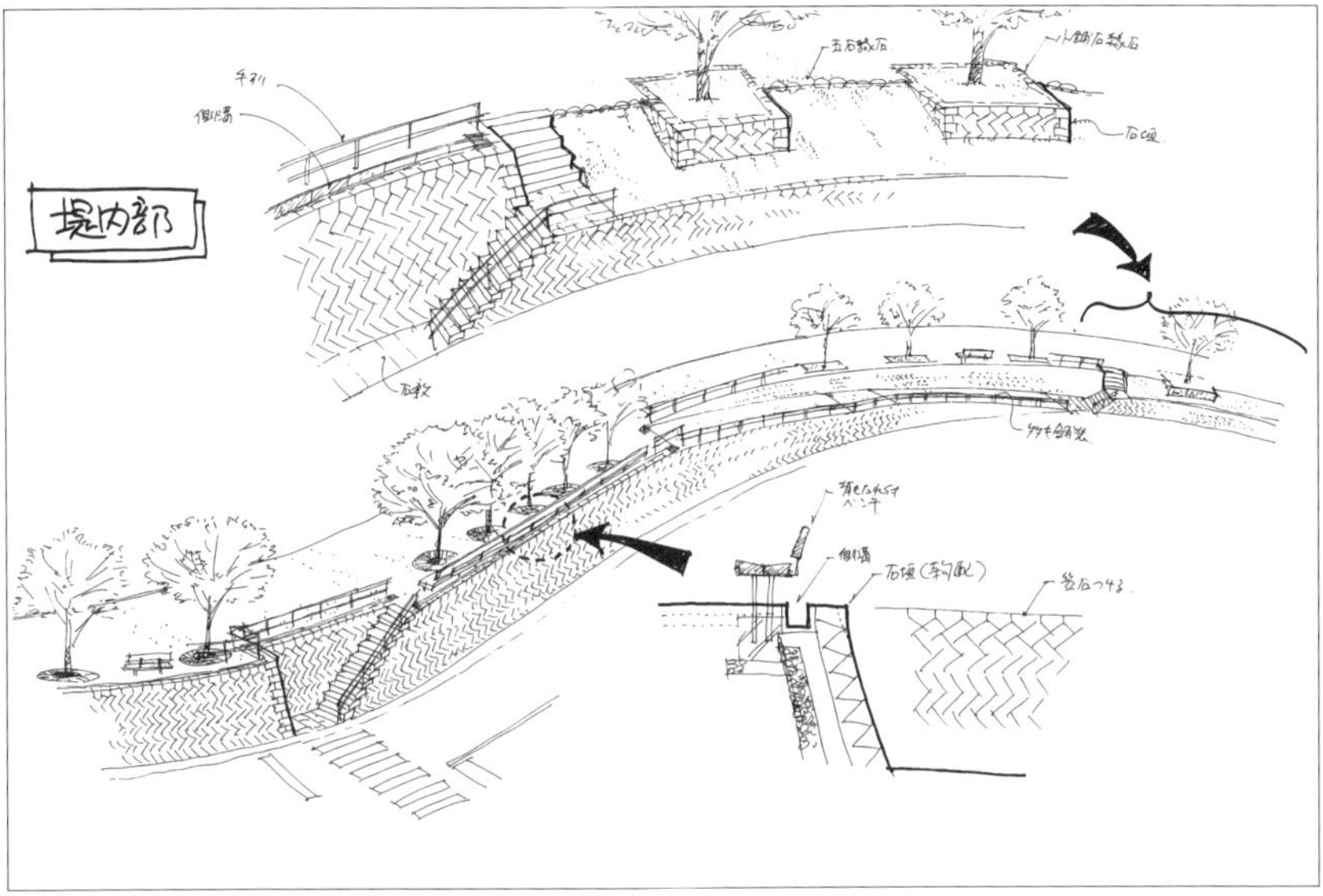

河原地区堤内部イメージスケッチ（小野寺康作画）

街側からの眺めを意識したアプローチ空間

水面へと続くグラデーションである。それぞれの場所にはそれぞれの役割、使われ方があるが、これらの総体に、街（人の空間）から水面（自然の空間）への移行を表現しようと考えた。操作性の高い水辺小段の素材には特にこだわった。基本の素材は御影石であるが、方形石と雑割石を使い分けている。テラス天端にはざっくりとした方形石を層状に敷き並べてあり、それが高水護岸（これも方形の間知石の布積み）の付近で次第に崩れて雑割石敷きと野趣に転じていく。一見意匠性の強いデザインにみえるが、通行帯となる部分の歩行のしやすさ考えて間知石の層状敷並べ、護岸際部は歩行帯となり難いため、雑割石敷きで目地を大きく取り緑を組み込み、石だらけで無機的になりがちな空間に季節に応じて変化する趣を与える、という利用と感性を考え合わせたデザインである。緑のベースは草目地であるが、要所にはススキやシノ竹の寄せ植えを試みた。要所とはテラスに降りる階段の最下段の踊り場である。最下段の踊り場も当然天端からテラスに至る動線の一部であり、それを避けた踊り場の端部にススキやシノ竹を植えている。実はススキやシノ竹にはもうひとつの思いがあった。毎日のように散歩する水辺にススキが咲いているのを見て月見の頃だと感じ、ススキを1本折って家に持ち帰り月見をする人がいないだろか、シノ竹が茂っているのを見て七夕飾りや七夕の笹流しをする人がいないだろうか、と。

近頃、中村良夫は風物という言葉をよく使う。中村の説明によれば、「風物は多分野の文化（芸能、祭礼、食文化、服飾、建築、造園、言語）を結びながら季節感など歳時記的な示差的体系性を成す。風物は絵画的構図性は薄く、断片化した記号的文節。実体性よりも、時空の場の気配を演出する記号。」ということのようだ。そしてさらに中村は、「風景は風土の表象であるのに対し、風物は風土の詩的断片」

テラスに組み込んだシノ竹の植栽

という。ここで中村が見据えているのは新たな風土生成の方法論であるが、少なくともそのひとつの手掛かりに風物があるようだ。

事後的な意味づけとなってしまうかもしれないが、ススキやシノ竹はそのことを意図していた。それは住宅地前という個人が利用する身近な水辺空間にあって、個人の自由と創造性に依存しながらも、月見や七夕といった風物詩として強い社会性を発揮する風景の解釈の手掛りとしてススキ、シノ竹の植栽を置いたのである。

「形」のデザインということ

風景のデザインは、使い手による「解釈」のデザインへとその射程を広げている。使い手によるデザインという考えは大切であり、異議を唱えるつもりはない。しかし、それは「形」がどうでもよいということでは決してない。使い手による解釈のデザインが認められた今だからこそ、「形」のデザインとは何なのか、どうあるべきなのか、難問であるが、考える必要がある。特に、作り手としては。羽衣・河原地区の水辺デザインは、そういうことをあらためて考えてみる機会でもあったように思う。

答えにはならないが、作り手としての「形」のデザインに対するこだわり、思いの一端を覚書き的に記しておきたい。

一つは、人を置いて考えるということ。作り手としては、対象となる場所を、単なる物理的な空間として捉えるのではなく、そこに人を置いてみることである。できるだけ多様な人を置いてみるのが良い。親子、恋人たち、老夫婦、などなど。場面も多様な方が良い。雨の水辺、月明かりの水辺、昼下がりの水辺など。ようは、使われ方に対する想像をたくましくし、それに相応しい形を考えることである。これは、作り手として対象を外から見るだけでなく、使い手の視線で対象を見るということである。作り手として対象を外から見る視線はややもすると冷たい。その点使い手の視線は温かい。相手の良いところを見つけだそうとする気持ちにあふれているからであろう。この視線を持つことで、見えなかったもの（大切なものであることが多い）が見えてくる。と信じている。大事なのは、両方の眼を持つということである。これは「形」のデザインの基本中の基本であろう。

二つ目は相対スケール。大きさには絶対スケールと相対スケールがある。審美的な意味での形は絶対スケールで考えられがちであるが、風景としての形を考える上では相対スケールが重要であると考えている。ある場所より高いこと、奥まっていることが大切なのであり、その時、1mm高いのか2m高いのかはそれほど大きな意味を持たなくなる。1mか2mかで呻吟するよりは、一段高い空間を準備した方が良いのか、奥まった空間を準備した方が良いのか、といった空間のありようを考えるべきである。もちろん絶対スケールも重要である。視線が遮られる高さ、顔の表情が分かる距離など、*ヒューマンスケールと言われるものはその定石である。

三つ目は領域感覚。人は空間に身を置くとき、その寄る辺を求める。その理由は別に譲るとして、形のデザインとしては、領域性が感じられる空間を作り出すことが重要となる。囲まれている場所、引っ込んでいる場所、一段高い場所など、先の相対スケールをもとにデザインした形を必要に応じて組み込むことを考えることが大切である。決して、画一・単調だから変化をつけるという理由から形をいじくりまわしてはいけない。領域感覚は所有感覚にも通ずるものであり、予め期待するわ

*ヒューマンスケール
物や空間の大きさを人間のサイズと比較してスケールとして表わすもの。

けではないが、このような「形」のデザインが、使い手の解釈を豊かにすることにも結び付くのだと思う。

四つ目は形の強弱。作り手は思いついた形をまず二次元（アイソメや簡単なスケッチも含め）の図面で表現する。この図面に描かれ線には何故か自ずと強弱がある。強弱には作り手の線に対する思いが込められている（だから、＊CAD図面は個人的に嫌いである）。二次元の図面に描かれた線は形の輪郭線でもあり、線の強弱は実は形に対する思いである。しかし、この思いが実際の空間の形では見えてこないことが多い。そしてそのことが、形から発信されるメッセージの貧弱さとなり、折角作り手が形に込めた思いが、見るもの、使い手に伝わらず、意味不明、曖昧（解釈不能）な空間になってしまうのだと思う。具体的にどうすればよいのかは難しいが、基町護岸の雑石張りのテラスと玉石護岸の境界部のデザイン、河岸テラスのわずかな膨らみと笠石の縁取りなどは、おさまりや取り合いの話もあるが、形に込めた思いを表現する輪郭線をしっかりとみせることを考えたデザインといえる。


それでもやはり、ただ「美しい形」というものがあると思う。〝良い眺め〟とはそういうものだと思う。これも厳密に言えば、見る人が「美しい」と感じるのであるから、人の解釈の一つであるかもしれない。しかし、これは「使う」という感覚とはあきらかに異なるものである。使い手の解釈のもとにあるものが「用」であるとすれば、この感覚のもとにあるのは「美」である。

実用空間である川や道のデザインにおいて「美」をどう考えるかは大きな問題である。しかし、機能一辺倒の構造物や空間が、生み出してきた味気ない風景を散々

＊CAD：Computer-aided design　コンピュータ支援設計、コンピュータを用いて設計すること。

見せつけられてきてしまったいま、「美」を伴わない構造物の設計をもう受け入れることはできない。決っして「用」と対立するものでなく、あえて言えば、「用」を包みこんだ上での「美」、それは、構造物としてのアイデンティティの「美」である。したがってそれは、モノの存在証明そのものに関わる事項である。だとすれば、その表現は認められて然るべきであろうし、表現されなければならないと考える。どうすればそういう「美」を考えることができるのか。手掛りは、自己表現である。自己表現ということを考えると、「作り手」、「使い手」とは別の、作られる、使われる対象（こういう表現自体が作り手、使い手側からのものであるが）という第三の主体が浮かび上ってくる。モノに意思があって自己表現するとすればどうするだろう。モノの思いを代弁するつもりで「形」を考えることを心がけている。特に川の場合には、〝水にどう流れて欲しいのだろう〟ということを考えるようにしている。モノにとっては水はもう一つの大切な「使い手」なのだから。これが、されど「形」のデザインの覚書きの五つ目である。

（4）コモンズとしての水辺
広がる水辺空間の活用

太田川基町護岸の完成から四〇年が経ち、広島の水辺ではカフェやマルシェなど様々なレクリエーションが催され、市民と行政との協働により「水辺を使う文化」が醸成され、様々な川まちづくりが展開されている。

このような水辺空間の積極的な活用は、全国で取り組まれるようになった。京都鴨川の納涼床のように戦前から水辺のにぎわいを演出してきた場所以外にも、近年、

元安橋橋詰のカフェ

水辺のカフェ（京橋川）

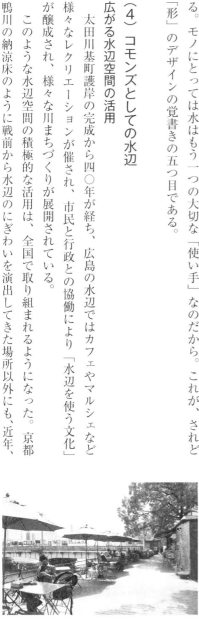

オープンカフェや市民の憩いの場として、河川敷地をにぎわいのある公共空間として積極的に使っていきたい、との要望が高まり、平成一六年度から一部区域にて社会実験を行い、平成二三年度からは河川敷地占用許可準則が改正され、特例（都市及び地域の再生等のために利用する施設に係る占用の特例）として全国で水辺をにぎわいの場として使用できることとなった。

平成一九年（二〇〇七）七月『夕凪の街 桜の国』（原作漫画：こうの史代、映画監督：佐々部清）の映画の野外上映会がポップラ通りで行われた。本作品では、作者の原風景としてポプラが描かれており、ロケも同地にて行われた。この夏の*野外上映会が恒例行事となり、近年同地での映画ロケなどが増え、広島フィルム・コミッションが広島を舞台とした映画、ドラマなどのロケーション撮影を応援している。

なお、野外上映会では、かつては、川の流れと平行にスクリーンが立てられていたが、夜間の騒音に関する苦情もあり、近年は、川と垂直の位置にスクリーンを設置し、スピーカーは空鞘橋のほうへ向くように変更された経緯がある。野外上映会の開催については、町内会の理解が欠かせないそうだ。

コモンズとして使い続ける

*コモンズとは、日本では「入会地（いりあいち）」と呼ばれ、特定の集団や組織が、入会権（いりあいけん）つまり、使用する権利を有する土地や場所のことを指す。ヨーロッパでは、公園や広場、フットパスなどもこれに含まれ、市民の暮らしにとって欠かせない資産、地域アイデンティティを支える基盤となっている。日本でも同様に、山辺や水辺など、自然と地域コミュニティとの相互関与により管理・運営され

ポップラ劇場二〇一六「マイマイ新子と千年の魔法」野外上映会
主催：ポップラ・ペアレンツ・クラブ（坪島遊氏撮影）

*コモンズ
コモンズとは、ある資源から恩恵を受ける人々がルールを守ってその利用を行い、必要な維持管理を行うならば、皆、大きな恩恵を受け続けることができるが、各人が自らの短期的利益のみを追求し、ルールを守らず、維持管理に貢献しないならば、容易に破壊され、皆に悲劇が生じてしまうような性質を持つ資源のことを意味する。
（高村学人「コモンズからの都市再生」２０１２より）

市民野外上映会会場のマルシェの風景

ポップラ劇場二〇一九「ももへの手紙」上映会

てきた入会地が、それぞれの土地の風土に根ざした「地域らしい風景」の基盤となってきた。

一般的に「総有（そうゆう）」と呼ばれる、この土地所有の形態は、前近代的ではあるが、現代の民法上でも生き続けており、特に地域コミュニティによる風景の持続可能な管理・運営には重要な役割をはたしてきた。例えば、萱場や牧草地のような、地域の生業に直結するようなコモンズの管理には、時に明文化されていない「暗黙知」のような地域固有のルールが存在していることが多い。コモンズの管理・運営に関わるローカルルールは、地域の風土に根ざし、当たり前のように日常の暮らしの中で、地域の人々に受け継がれ、特に明文化することもなく、地域の暮らしに即した土地利用の上で、四季を通じて日々の生活を支えてきたのである。

水辺は、自然が司る水域と人間の居住域としての陸域の境界領域であり、曖昧で両義的な遷移空間である。自然の摂理と人間社会の文化的なルールがせめぎ合うこの水辺は、いまや地域の方々だけでなく、たくさんの観光客も訪れる、「広島らしさ」の宝庫である。その土地にしかない価値を具現化し、市民が行政とともに管理していく、新しい時代の持続可能な公共空間づくり、公民連携の水辺デザインを広島の水辺に見た。

中村良夫氏は、平成二六年（二〇一四）三月に開催した広島雁木研究会のシンポジウム）にて、広島の水辺デザインを連句に例えた。約四〇年前、川とまちの断絶を感じた中村らは、風景の基盤、人々が集うことのできる器として水辺を作った。その水辺を「まち」として、市民の憩い、静かな賑わい、おもてなしの場として使い続けてきた市民と行政の協働は、まさに水辺の作り手と使い手を繋ぐ連句のよう

広島雁木研究会シンポジウム

に風景の物語を紡いできたのであった。

令和元年（二〇一九）一〇月一三、一四日「まちと川がひとつにつながる〝ひろしま川まつり〟」と題して、River Do!（HIROSHIMA CITY RIVER FESTIVAL 2019）がポップラのある中央公園基町河岸緑地をメイン会場に開催された。実行委員会形式で開催された、このイベントのオープニングは朝八時にスタートした「第一回ひろしま国際*ＳＵＰオープンレース」であった。たくさんのＳＵＰに乗ったアスリート達が、基町護岸をスタートし、元安川を下り、京橋川を上って、反時計回りに広島市中心部の水辺を一周する姿は、圧巻であった。陸側でも、リバーサイドマルシェやヨガ、サイクリング、ランニングなど、美しい水の都ひろしまの水辺を楽しむ人々の姿は、新しい時代の水辺の風景を感じさせた。

＊SUP
スタンドアップパドルボートの略。水上に板を浮かべて、立って漕ぐかたちのボート。手軽で新しい水辺のアクティビティとして近年、愛好者が増えている。

River Do!の風景

（国土交通省　太田川河川事務所提供）

第6章　水辺を使うというデザイン——創意する水辺の市民たち

田中尚人編

実は、本書の執筆者が一堂に広島に会したことがあった。平成一六年（二〇〇四）九月七日に台風一八号により倒れてしまったポプラの木を救おうと、CAQ（セアック、ポップラ・ペアレンツ・クラブの前身）が旧日本銀行広島支店にて開催した「太田川・水辺のデザイン展～基町環境護岸から基町POP'La通りへ～」の関連イベント「水辺トーク&ウォーク」（十一月十九日、二十日開催）だった。そこで恩師である中村良夫先生と太田川の水辺を歩き、北村眞一先生や岡田一天先生らが登壇されたパネルディスカッションを、岐阜大学の学生らと拝見した。その時、CAQ代表だった隆杉純子さんや広島市役所に勤めておられた山﨑学さんらと出会った。

この時のご縁で、私が熊本大学に異動して三年目の平成二十一年（二〇〇九）三月に、広島からNPO法人雁木組代表の氏原睦子さん、隆杉純子さん、山﨑学さんが熊本を訪れて下さり、名古屋工業大学准教授（当時）秀島栄三先生ら名古屋の水辺チームと熊本の坪井川の川まちづくりチームの三者で、川まちづくりの勉強会を行った。当時、私が主宰する地域風土計画研究室の博士後期課程の学生であった岩田圭佑くんが、広島の水辺に興味を持ち、彼や学生らとともに、広島の水辺デザインを研究することになった。

平成二十四年度～平成二十六年度は、「歴史と文化を活かした川まちづくりのための地域マネジメント手法の開発」と題して科学研究費助成事業（学術研究助成基

太田川・水辺のデザイン展フライヤー

坪井川まちづくり勉強会

金助成金 基盤研究（C）を頂き、広島で水辺のまちづくりをされている皆さんと広島雁木研究会をつくり、広島の様々な方々と交流し、雁木をはじめ広島の水辺デザインの研究を行った。HOPE計画以来、ずっと民間のデザイナーとして水の都整備構想も水の都ひろしま構想もみてこられた松波龍一先生や、「水の都担当」という肩書が広島市役所では代々引き継がれ、公民連携を行ってきたことを知り、そのお一人新上敏彦さんらにお会いし、先人たちの創意工夫や努力、苦労を聞かせて頂いた。また、太田川など水辺のニュースをいち早く伝えて下さる中国新聞の北村浩司さんや、水辺の市民屋外上映会「ポップラ劇場」の立役者広島フィルム・コミッションの西﨑智子さんら、多種多様な市民の方々が、広島の水辺に集い、語り、楽しむ姿を拝見した。平成二十五年（二〇一三）三月、平成二十六年（二〇一四）三月には、中村良夫先生らを招き、広島の方々と水辺のデザインについて話し合おうシンポジウムを開催した。

広島の水辺デザインを研究していると、「デザインとは何だろう?デザインは誰がしているのか?」ということをよく考える。計画者、設計者、施工者が水辺の空間を設えても、そこに誰もいなかったら、水辺のデザインは成立しないのではないだろうか。本章では、広島の水辺に関わる七名の方々の寄稿を紹介する。彼らを含む多くの広島市民の方々は、水辺を使い続けるデザイナーであると、私たちは考える。

広島雁木研究会

雁木タクシーからまちを眺める

【寄稿1】

太田川の水辺の計画づくり

松波 龍一（松波計画事務所）

お花見

昭和五六（一九八一）年に広島に越して来てしばらくした頃、お花見をするのに友人を誘って川船を仕立てたことがあります。川岸で宴会をしている人たちに手を振ったり、浅瀬を通り抜けるのに船を下りて押したり、それはもう楽しい一日で、河川の空間が都市の中でいかに豊かな可能性をもっているかということを思い知りました。

わたしの太田川の原体験です。

HOPE計画

それから数年後、広島市がＨＯＰＥ計画を策定するというので声をかけてもらった際、テーマは川沿いの住環境以外にはないと思いました。戦災復興で「河川公園」を目指した先人の思いをぜひとも受け継がなくては、というような意気込みもありました。とりあえず市内の６派川の沿岸70キロはこの時をあわせて通算３度歩きました。そこで新しく発見したことがいくつかあります。

江山一覧図というのは江戸時代後期に描かれた絵巻物です。派川のうち本川の両岸を描いた風景図ですが、そこに表現された河岸のアクティビティには圧倒されました。渡し舟の往来があるかと思うと、浜で馬を洗っていたり、相撲をとっていたり、橋の上には押すな押すなの人がいて、川岸の広場には多くの船が係留されてさまざまなビジネスが営まれています。

逆に、歩いてみた現在の河岸には、川の風景を楽しめるような喫茶店やレストラン、ホテル、式場などは一軒もなく、人もまばらでした。せっかくの河岸緑地も、橋があるたびに分断されて連続して歩くことはできませんでした。

委員の先生方をご案内した船上から見えるのはマンションの1階裏に置かれた倉庫や設備機器やネットフェンス。「あれなんかデザインいいんじゃない？」と指さされたのが、ちょっとおしゃれなラブホテルだったというおまけまでついて、要するに水辺は完ぺきに街の裏側になっていたわけです。

藤本昌也さんに指導を仰いで、水辺の建築デザイン手法について書き込みました。水辺を表にするような社会性をもつデザインということですから、必然的に平面的な建物配置の問題～水辺へのフットパスの設置とか、敷地と河岸緑地との一体化とか～に重点が置かれました。河岸緑地は都市公園として管理されているので、たとえば公開空地と連続した空間にするというのは公園管理上結構大変で、結局それを一般的に推奨することはできず、悔しい思いをしたものです。

ＨＯＰＥ計画の策定は昭和六〇（一九八五）年です。それから一四年たった平成一一（一九九九）年に、京橋川右岸のホテルＪＡＬシティ広島で、公開空地と河岸緑地との一体化が実現しています。これは当時としても画期的なことだったと思いますが、いまだに特殊な事例のままにとどまっていて、一向に一般化した様子のないことが残念です。

水の都整備構想

昭和が終わる頃「水の都整備構想」の話が持ち上がりました。国県市の3者が合同で策定するという、その頃としては珍しかった構想で、これには、ＨＯＰＥ計画では扱えなかった河岸の施設整備について、護岸テラスから水上交通のための浚渫まで徹底的に書き込みました。策定は平成二（一九九〇）年のことです。

気になっていた河岸緑地をつなぐ橋下のアンダーパスは、担当者に呼ばれて、それがどんなに非常識なことであるか、素人の浅知恵を書き込まないでほしい、とお叱りを受けたのですが、あまりにたくさんのことを書き込んだために、それに紛れて結局残りました。そのおかげかどうか、その後精力的にアンダーパスが整備されて河岸緑地がより魅力的になっていったのは、喜ばしいことです。

「水の都ひろしま」構想

それからほぼ一〇年ほどして、河川整備ではなく、河川利用のソフトな内容を中心とした構想が企画されました。「水の都ひろしま」構想です。策定されたのが平成一五（二〇〇三）年ですから、もう一七年もたちますが、今もその概要版を広島市のHPでダウンロードすることができます。

このときに意識したのは、水辺空間の多様性をどう獲得していくのか、それを民間の主体的な活動としてどう実現するのか、ということでした。この構想でも、何度かのワークショップを経て、河岸のオープンカフェから水上交通までさまざまなアイデアをこれでもかこれでもかと無責任に列挙しましたが、いずれも事業主体を明確にしなかったのはそのためでもあります。

この構想を追うように、いくつかの水辺の活動が立ち上がりました。カフェテラス倶楽部は一九九五年に主に平和大通りで活動を開始しましたが、この頃には京橋川の河岸緑地でのオープンカフェの社会実験にも大きな役割を果たしました。ポップラペアレンツクラブは二〇〇三年に川通り命名プロジェクトとして発足し、その後基町環境護岸のアダプト活動に発展しています。水上タクシーを運航する雁木組は二〇〇四年に立ち上がりました。構想の策定される前平成一三（二〇〇一）年には、月刊ミニコミ誌「環・太田川」が篠原一郎さんたちの手で創刊されています。

その間、原爆ドーム対岸にできたばかりの護岸テラスを使った「地球ハーモニー」（一九九八年〜）、「ボートウォーク」と銘打った水上交通実験（二〇〇一年）、基町環境護岸を使った「デルタライブ」（二〇〇三年）など、みんなで川に目を向けようというキャンペーン・イベントをいろいろやったのですが、楽しい時代でした。

都市づくりのトリガー

振り返ると、ＨＯＰＥ計画から数えて現在までおよそ三〇年。三〇年という数字には、多少忸怩たる思いがあります。適切なトリガーがあれば、都市のインフラのネットワークというのは二〇年くらいで目覚ましく展開するものだ、という期待があったからです。

ミネアポリスのスカイウェイ、トロント、モントリオールの地下街、サンアントニオのリバーウォークなどが、どれも二〇年ほどで今の姿になったと聞きました。いずれも完成予想図のようなマスタープランはなくて、一定のルールにのっとって民間事業者が自分の利益となる行動をとった結果、予想もしなかったようなネットワークがまさに「創発」された、というのです。役所が事業主体となって自ら主導した部分というのはほとんどありません。

広島でのこれからの展開

広島での取り組みが、トリガーたりえたかどうか、その後の進化を誘発できたかどうかは、これから検証していくことだと思いますが、もし課題があるとすれば、ルールの明示ということではないかと思います。京橋川河岸のオープンカフェの仕組みなどは、広島の誇るべきすばらしい発明だと思いますし、いまや、なくてはならない広島の風物詩として定着した感があります。しかし、惜しむらくはそれが自然に発展していくようなパワーに欠けているという点です。

これから狙うべきなのは、それらの取り組みやその先の展開を、役所の予算措置や特定のボランティアの使命感と汗による特殊解としてではなく、誰でもその気になれば参画できる一般解として示していくことだと思います。それには、おそらくこれまでとは違ったエネルギーが必要になるとは思いますが、そういう展開を通して、予想もしなかったような新たな広島の水辺の風景が生まれ、現代の江山一覧図が描かれるようになるでしょう。広島はその意味で、やっとスタート地点に立ったと言えるかもしれません。

【寄稿2】

活き活きと動き続けることで街の風景となりたい

山﨑　学（一般社団法人空の下おもてなし工房代表理事）

自分たちが先ず動くことを考えた

ボランティア活動が一般の市民にまで広まったのは一九九五年と言われます。阪神淡路大震災の際に、近所の普通のおじさん・おばさんもじっとしていられなくなって、ボランティアにはじめて参加した、それが全国的に広がって、ボランティアが決して特別な人のやることではないということが実感されました。また、広島では、その前年一九九四年の広島アジア競技大会の時の「一館一国・地域応援事業」がその前触れとなりました。広島に六一あった公民館がアジア競技大会の参加国・地域の一つづつとつながり、その国・地域を学習し、応援し、もてなすというもので、公民館の利用者が主でしたが、広島市全域で市民の活動が盛り上がり、自分たちでもできるという自信が芽生えました。「カフェテラス倶楽部」が活動を開始したのもこの頃で、一九九五年六月のことでした。

ある人の、「カフェテラス倶楽部をやらない？」の一言で始まったのですが、お互いよく理解し合っていたので、その真意はすぐに伝わりました。一つは、広島市には平和大通りや河岸緑地など特徴的な公共空間がありますが、これらをもっと自由に使えるようにしたいということ、もう一つは、広島をカフェテラスで一杯の街にしたら特徴のある素敵な風景の街になるのだが、というものでした。その実、少しくたびれかけていたので、勤め帰りにカフェテラスでゆっくりするような生活をしてみたい、というのが本音ではありました。

当初は、月に一回会合を持ってどこかのカフェテラス的なところを訪問して話をうかがいましたが、その後、少しづつ準備をして自分たちでカフェテラスを楽しむことにしました。今も続けている平和大通りでの定例カフェは一九九七年十月から始めたものです。議論ばかりでは迫力がないし、働きかけをして行政にやらせよう、では本来の活動ではないと思いました。活動とは自分たちが自ら実践することだと思うからです。カフェテラスが在ってほしいと思うのであれば、まず自分たちがカフェテラスをやってみる。そうすることで初めて、課題も見つかり、ノウハウもたまり、実現に向けた戦略も持てるのです。全く見通しを持たずにということでは決してないですが、六〇%の見通しと責任が取れると判断できたら、まず自分たちで動き始めることだと思います。

やって見せれば行政はついてくる

そうこうしているうちに広島青年会議所から声がかかりました。毎年彼らが中心になって実施していた「広島文化デザイン会議」の一環として、平和大通りでカフェテラスをやりたい、とのことでした。「オープンカフェナイト」の名前で、一九九六年から三年間、夏の夜の二日間でしたが、青年会議所とカフェテラス倶楽部が平和大通りでカフェテラスを3ケ所出店しました。これは話題にもなり、マスコミにも多く取り上げられました。何より、市民の方にカフェテラス風景を見てもらい、その良さを知ってもらえました。行政がアンケートを実施しましたが、評判も上々でした。

このアンケートの結果や、オープンカフェナイトの成功に力を得て、行政の主導で一九九八年に社会実験として行なわれたのが、「カフェ・ド・ベール」です。平和大通りの緑地に仮設の厨房を建て、一六〇席のカフェテラスを営業されましたが、結果的には大好評で成功したと言っていいと思います。このの後三年間、民間主導で社会実験が続けられましたが、民間主導のものは赤字で打ち切られました。基になる店舗を持たず、その都度、全て最初から厨房や客席をつくり、マネージャーや店員を雇ったのでは利益が上がらないというのが教訓でした。カフェテラスは基になる店があっ

平和大通り定例カフェ

オープンカフェナイト

て、プラスアルファで客席を広げるからこそメリットがあるということが確認できました。

　これとは別に一九九九年十一月から約一年間、京橋川沿いのフレックスホテル前の河岸緑地で始めたのが京橋川のカフェ実験です。建築士会広島支部まちづくり委員会とカフェテラス倶楽部が共同で月に一回カフェテラスを開き、ここでも近所にお住まいの方、カフェテラスのお客様からアンケートを取りました。いずれも好評だったため、二〇〇〇年九月から、地元町内会が中心となった実行委員会の委託を受ける形で、行政の許可を得て、フレックスホテルとホテルＪＡＬシティ広島がカフェテラス営業を行いました。毎年二ヶ月程度の、期間限定カフェでした。二〇〇二年七月二日に広島市の「水の都広島の再生」が都市再生プロジェクトに選定されるのですが、その申請文には、民間でカフェテラスが実施されているという一文がありました。

　二〇〇四年三月に河川法の河川敷地占用許可準則の特例措置通達が出され、それを受けて、早くも七月にはこの両ホテルは、行政主導の京橋Ｒ―Ｗｉｎ開店（二〇〇五年十月）に先駆けて河川区域におけるカフェテラス営業を始めました。フレックスホテルの先代社長さんはカフェテラス倶楽部発足当初からの会員で、ホテル前の河岸緑地でのカフェテラスを熱望されていました。熱望するだけでなく、自ら熱心に動かれて、カフェテラス倶楽部発足からちょうど十年目に夢は実現したのです。このように、広島ではまず民間が先行実施し、それを行政も受け止めて施策に組み込んでいくという流れでかわまちづくりが進みました。広島のかわまちづくりは「やって見せれば行政はついてくる。」方式だったのです。この言葉は徳島市の新町川を守る会の中村代表から私が直接聞いた言葉です。誰に頼るのではなくまず自分たちが活動を続けていく中

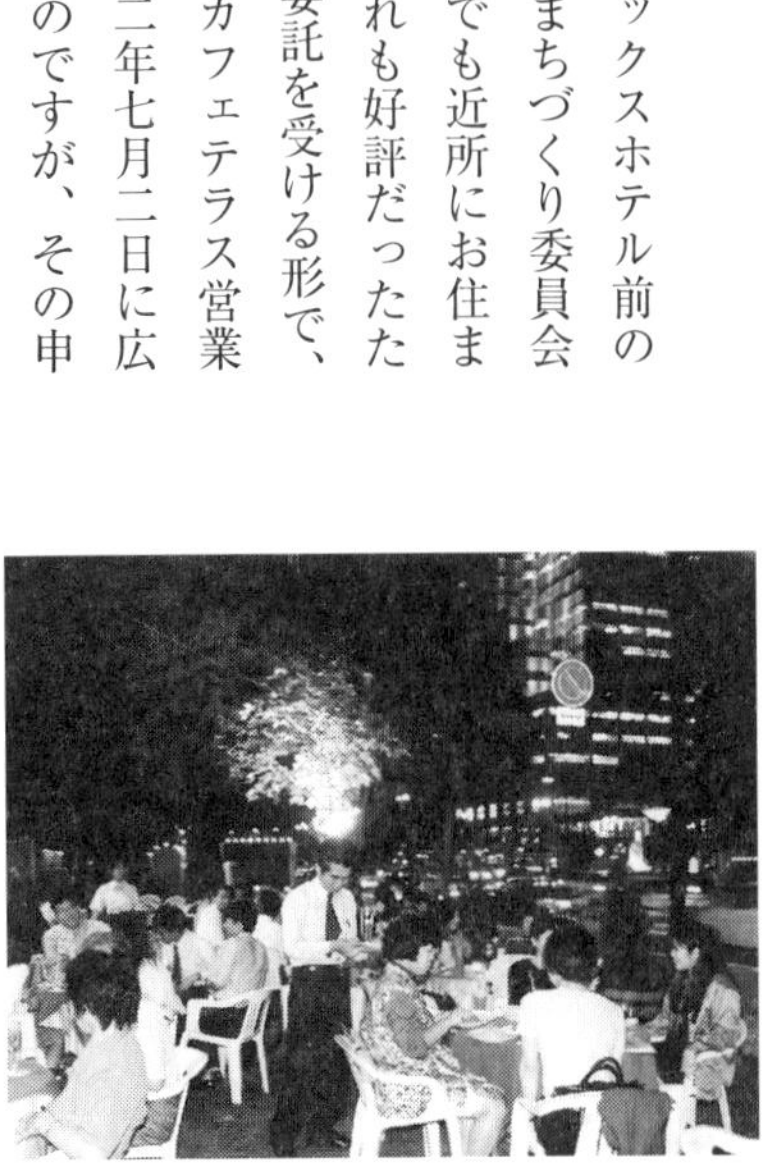
カフェドベール1

カフェドベール2

で、課題や効果があぶりだされ、行政がそれを受け止めて施策としていくということなのですが、まさにわが意を得たりということで、よく使わせてもらっています。この気概が市民の社会貢献活動の極意ではないかと思います。公共空間使用の大原則を突き破り、今では全国に適用されている、河川空間での民間事業者による継続的営業が一連の広島の活動を通じて可能になったのです。

市民活動は「風景」となることを目指す

さて、よく水辺の景観づくりと言われますが、社会貢献活動を実践する側の人間としては、「景観づくり」ではどうも物足りません。「景観」という言葉は昔から使われていたものではなく、もともと学術的記述をするために人間の想いを排除する言葉として考えられた造語です。そのためか、なんだかよそよそしい。私は「風ことば」と言っているのですが、ある字に「風」をつけた言葉があります。風土、風情、風合、風味、風化、風流、風貌、風格、風俗などなど、風の景の「風景」も風ことばです。風ことばはいずれも人との関わりと時間の経過を感じさせる言葉だと思います。市民による社会貢献活動は、個人の想いをエネルギーにし、その街の中で市民が活き活きと動き、モノができたりコトが起こったりする、それを年月かけて積み重ねるものです。街の物理的な景観の中で、或いはそれを舞台にして市民の活動があり、その残像とも呼べるものが生まれ、さらに活動を積み重ねるという意味で、「景観づくり」ではなく「風景となること」を市民の社会貢献活動は目指していると言えるのです。

さて、そうなるために一番大事なのは「持続」です、が実はこれが一番難しい。三年たつとマンネリではないかと自分を疑ってしまいます。続けていると心も体も疲れ

フレックス期間限定カフェ

R-win1

てくる。身の回りの色々な情勢も変わってくる。とても続けられない、続ける意味がないと思うようになる。ここまで来ると、自分の活動はやめるべきですが、それを団体の活動と混同しないでいただきたいのです。自分は続けられないが、団体の活動を続けるにはどうすればいいかを考えてほしいのです。社会貢献活動は、始めてしまえば大なり小なり社会的な責任が既に生じています。仲間のみんなと相談して、継続方法を考えて、持続させることが何より大事だと思います。自分たちの活動が街の風景となり、ずっと続いていくことを信じたいと思うのです。

夜のR－win

【寄稿3】

デルタの街広島の水辺に物語をつくる

新上　敏彦（日本ERI株式会社広島支店長・山口支店長
元広島市まちづくり担当課長・水の都担当課長）

全国初「独立型　水辺のオープンカフェ」の実現

写真は水辺のオープンカフェを紹介する冊子です。その表紙を飾る一枚の写真。水辺で和服姿の女性が広島産黄金しじみのパスタ料理を楽しんでいます。その片隅でカフェの店員と話す一人の男性。若かりし頃の私です。この裏方の姿も入った一枚の写真から当時の様々な出来事が思い出されます。二〇〇五年十月、防災の要である護岸に公募を経て「全国初の独立型オープンカフェ」ができました。社会実験の名の下に形になったもので、これが課長初のミッションでした。

広島の水辺の風景づくり

広島の水辺は、鎮魂や平和の希求といった平和都市としての祈りの場であると共に、市民が心の潤いや四季を感じることのできる憩の場にもなっています。日常生活に溶け込んだ水辺はまた非日常を感じる場として活用できる空間でもあります。それが広島の地域特性の一つです。この特性を多くの方々に示し、水辺を活かすことが私の使命でもありました。そのため、水辺のオープンカフェ完成後も、様々な方にご協力をいただき、空間活用の提案を行い、具体的な活動も試みました。水辺のファッションショー、地域の大学と連携した演奏会で子ども達と天の川に思いを馳せる七夕イベント、地域のお祭りとの連携、イルミネーションイベント等々。これら一つ一つの試みには、広島の水辺での時間や空間が大切な記憶として心に刻めるものにしたいという切なる願いが込められていました。

水辺のオープンカフェから水辺の物語りへ

水辺のカフェが形になるまでには、「水の都整備構想」の策定、国の「都市再生」への位置付け、「推進計画」の策定、「推進協議会」、「審査委員会」の設立や合意など、組織づくりや運営等に多くの方のご理解とご協力・ご支援を頂きました。裏方の市職員の血のにじむような取組みもありました。社会実験という形からのアプローチもハードルを下げた効果がありました。構想策定の過程では、病を押して従事し志半ばで先立った職員もいます。多くの方々の努力の結晶なのです。河岸の防災に配慮しつつ活性化に掛かる費用をどう捻出するのか、地域連携や環境整備、活性化に水辺空間が役立つにはどうすればいいのか、既得権を生まず上質な公共空間を形成するにはどうするか。店舗の収益性に配慮しなければ周辺の環境整備資金が得られずカフェは成立しないのです。水辺空間の環境を段階的に向上させていく仕組みも大切です。広島らしい水辺を大切にしつつ新たな取組みを加え、地域にも貢献したい。出店に際しては環境に配慮し既存の河岸樹木は伐採せず大切に残したい。など様々な課題の中で苦悩もありました。関係者との合意形成に一件一件、協議に歩いた日々。怒られたことや励まされたこともあります。「行き詰った時には基本理念・基本方針に立ち返って再スタートする。」このミッションから私が学んだことの一つです。密度の濃い三年間でした。根底には広島の水辺への愛着と誇りがありました。開かれた水辺の風景への愛着と誇りを持とうとした志は、基町環境護岸等に代表されるこれまでの風景づくりにかけた先人の情熱が大きく影響しています。干満差が最大四mと大きく、同じ川を鯉と鱸が泳ぐ太田川。日常生活にとけこんだ水辺の風景が広島への愛着と誇りに繋がっていくことを願っています。友人との語らいや出会いから物語が生まれ、そこからひとり一人の「水辺の物語り」が始まると信じています。

【寄稿4】

もっと水辺が好きになる

氏原　睦子（NPO法人雁木組理事長）

まちの風景をかえる、雁木タクシー

雁木タクシーが走りだすと、お客様の顔は一瞬にして笑顔になります。水の音、広がる空、水面に映る雲、見上げるまち、そして橋上の人と手を振りあう非日常的な体験。予想をはるかに超える新鮮な広島の風景がそこにあります。

広島のまちなかの河川は、瀬戸内海の影響を受け、最大4mもの干満差があります。「雁木」は階段状の護岸。どのような潮位でも船を着岸することができる、瀬戸内海のまちならではの土木構造物として、ここ広島で発達しました。材木を荷下ろしした幅広い公共的な雁木、裏木戸跡の残る個人の雁木、流れに垂直のもの、並行のもの、踊り場のあるもの、その使途も形態もさまざまで、その数約400ヶ所。これらの雁木を発着場として利用する水上タクシーが、「雁木タクシー」。二〇〇六年に生まれました。

雁木タクシー誕生のきっかけは、「水の都ひろしま構想」づくりのプロセスにありました。当時、構想策定チームの末席に参加していた私は、プロジェクトリーダーで都市計画家の松波龍一さんの傍らで多くのことを学びました。都市づくりは水辺づくりそのものであったこと、瀬戸内海の風土に育まれた水辺の奥行きの深さ、川の表情がどれほどチャーミングなのか。松波さんは実に格調高く「水の都」を語られ、それらはわかりやすく構想に落とし込まれていきました。そして私たちは「広島を名実ともに水の都にするためには」を本気で考えていました。

構想づくりは、実際に水辺を様々に楽しんでいる市民や団体の皆さんと一緒に、ときと場を共有しながら進められました。その過程で、市民によって描かれた未来絵日記「手をとめて水上バスをとめてみよう」が多くの市民からの賛同を得、1日だけの試験運航が実行されました。初めてみる川からの風景。この気持ちをみんなと共有したい、広島の水辺を自慢したい、そして船の行き交う姿は「水の都ひろしま」の風景でありたい、と心が躍りました。

さて、この未来絵日記からは「舟が身近にある暮らし」への想いが読み取れます。だから観光地によくある遊覧船ではなく、「ヘイ、タクシー」と気軽に乗れなければ意味がない。まちのいたるところにある雁木を発着場として利用すれば、街じゅうのどこにでも行くことができ「舟が身近にある暮らし」が実現するはず。そのようにして、水辺をキーワードに集まった様々な人たちを巻き込み、巻き込まれまがら、雁木タクシーは走り始めました。

いまある資源を生かして、できることから

潮の満ち引きは、地域らしさを象徴する魅力資源ではあるけれど、水上交通にとっては障壁以外の何ものでもありません。当時、舟運の復活は各界で検討され、採算性のための常時航行を前提に河川の浚渫、橋の改良、桟橋整備が求められました。けれども消滅に至った舟運が、インフラ整備によって蘇るとは考えられません。そこで私たちはソフト先行型で「満潮時間帯だけ」「喫水の浅い小型ボートで」「雁木を発着場として」「行政に依存せずに」運航する、というスタイルで取り組むことにしました。

安全のしくみづくりから。

日本初の河川水上タクシーとして事業をはじめるにあたり、はじめに取り組んだのは安全のしくみを構築することでした。運輸局から責任のための法人化を求められ、NPO法人を設立。雁木利用には数々のクリアすべき課題があり、なかでも足枷となったのは「浮桟橋こそが安全な乗降施設」という固定概念でした。何度も協議を重ね、

昔から使われている「動かない」雁木の安全性を自ら実証し、運輸局への届け出を完了。担当監理官が雁木で青空教室を実施する、という一幕もありました。以来、陸上スタッフが雁木で乗降りをアシストするという、雁木タクシー独自のルールで運航を続けています。

太田川には航行のルールがありません。川では港則法は適用外。「海上衝突予防法」も川では「厳守」ではないという。すべてがゼロからの構築でした。無知ゆえに必死に学び、現場を調査してつくりあげた航路や安全運航規程とルール、陸上スタッフマニュアルなど、いずれも雁木タクシーのバイブルとなっています。

海と川とは別ものです。雁木タクシーの船長には、海での操船経験は問いません。自信がかえって支障になることもあるからです。陸上スタッフとして経験を積みながら練習を重ね、一定の技術評価基準を満たした人が船長として操船をします。これがなかなか厳しい基準で、慢性的な船長不足の原因でもあるのですが。

主なスタッフは川をこよなく愛する船長と、安全運航を支える陸上ボランティアスタッフとガイドの仲間。ひとりひとりがプロボランティアの精神をもち、また「水の都ひろしまの魅力を伝えるのは自分たち」という気概と誇りを持って取り組んでいます。川を利用する様々な分野の皆さんとの関係づくりも大切です。信頼する雁木タクシーの船長たちの心にあるのは、シーマンシップの精神。ルールとマナーのうえに安全は成り立つのです。

川が身近になるということ

準備が整い、いざ運航。地元メディアの応援もあって、話題性は抜群。けれども総論賛成各論反対、「頑張れ」の声は届くけれどその実「お手並み拝見」で、乗ろうとしない。地元の人たちは、乗って何があるかが想像できてしまう。そもそも船に乗る習慣もなければ、必要性のない社会をつくってきた人たちなのだ。ならば船に乗るきっかけをつくりましょう。「見どころがない」ならば発掘しましょう。「船に乗る文化がない」ならば育みましょう。文化を育むなんておこがましいけれど、そのくらいの気概で臨みましょう。水辺のご町内には必ず雁木があるから、どんな町ともつながることができます。お祭りがあれば、でかけましょう。誰もいなければ、何もなければ水辺に引き寄せましょう。お客様からのご要望には「行きましょう」だし仲間のアイデアには「やりましょう」。

こうして観光目的のクルーズ、移動手段、散骨、結婚式や卒業記念の想い出づくりなど、想い想いのニーズに応え、現在までに7万人余のお客様にご乗船いただいています。当初めざしていた「日常的な乗り物」とはほど遠いけれど、お客様のつむぐ物語りのお役にたつことは、私たちのやりがいに、そして継続へとつながっています。

雁木タクシーのお勧めは、夏の夕方。市街地の喧噪をよそに川面の風を感じながら走ると、川を、空を、まちを、独り占めした気分になります。水辺は、誰のものでもないけれど、みんなのもの。雁木タクシーを通じて、水辺にもっともっと多くの皆さんを引き寄せることができればと思っています。

継承したいのは、川と人のかかわり

子ども時代、水辺の自宅は接道がなく雁木が玄関だったという男性。通学時間と満潮が重なると、膝まで水につかりながら学校へ通ったと話します。なるほど本川右岸には公共雁木から個人の雁木へと続く犬走りの痕跡があります。また京橋川では、お花見やお祭りには水辺のお屋敷の裏木戸雁木から船がでて、芸妓さんと舟遊びをする風景があったといいます。そんな水辺の「風流」を、対岸の京橋町から眺めたことを懐かしむ人。雁木の周辺で水泳の授業を受けたという市民も少なくありません。親しみを込めて丸雁木と呼ぶ人たちもいます。雁木は舟運だけでなく、人々の暮らしと密接に関わりをもっていたことを伺い知ることができますし、ときをかえ、現在の水辺に目を向けると、雁木を現代的に利用する姿もあります。現役の護岸としてまちを守っている雁木。文化的価値のある地域の財産として残すことはもちろんですが、船着き場として使うことによって、人と水辺のかかわりを未来に継承していきたい——。いまの雁木組の願いです。

【寄稿5】

水辺の1本ポップラ「ポップラ・ストーリー」

隆杉　純子（ポップラ・ペアレンツ・クラブ）

毎月の清掃定例会で水辺に親しみを

ポップラ・ペアレンツ・クラブ（ＰＰＣ）は、二〇〇四年九月七日の台風一八号により倒れたポプラの木（愛称：ポップラ）の再生への取り組みをもとに、二〇〇六年から広島市中央公園西側河岸緑地の基町環境護岸（愛称：基町POP'La（ポップラ通り）の清掃を行っている市民グループです。

私はその代表ではあるものの、かれこれ一〇年以上、懲りずに参加してくれる仲間が主役となり、毎月第四土曜日の清掃と花壇のお世話、そして夏の野外映画会など、市民が水辺と親しむきっかけとなるよう願って活動しています。

川通りの愛称募集から「基町ポップラ通り」誕生

私自身のきっかけは、二〇〇二年に広島へ戻り、川の風景が変わり気持ちよく驚かされたことでした。広島の川はすぐそばに歩道があり、その道はアンダーパスでつながり、車が進入しないので信号もなく、人が歩きやすくウオーキングにも最適です。当時、こういう道を私は「川通り」と呼びました。広島の代表銘菓「川通り餅」からヒントを得ました。あとさきを深く考えずに「ここに名前があるといいね」と仲間に話しました。それはパリ旅行のとき、大通りから小路まで一つ一つの道に名前があることを知ったからです。名前は道に限らずセーヌ河岸にも「〇〇 quai」

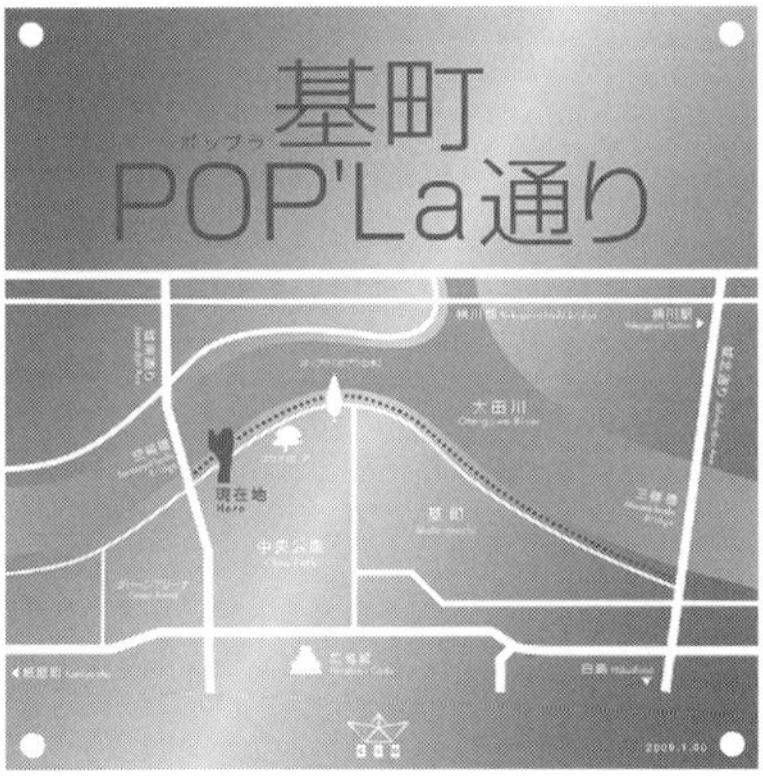

2004年1月に愛称「基町POP'La通り」決定後、看板を制作

というように、右岸にも左岸にも呼び名がついています。地図は人物や歴史を盛り込んだ通りの名前がぎっしり詰まっていて、読み物としての楽しさが感じられます。「一九四五年五月八日通り（Rue du 8 Mai 1945）」（ドイツが降伏して、フランスが解放された戦勝記念日）も道についた名前です。

広島市「水の都ひろしま」市民活動の助成をいただき、二〇〇三年九月に「川通りの命名プロジェクト」を実施しました。多くの人に名づけ親の参加を呼びかけ、九九八枚の参加用紙を回収しました。公開選考会と専門家をまじえた最終選考会によって、二〇〇四年一月に太田川本川の基町環境護岸は「基町POP'La（ポップラ）通り」という名前（愛称）が決定しました。印象的な名前「POP'La」（ＰＯＰ＋アポストロフィー「'」＋Ｌａと書いて、弾むように、ポップラと読む）を提案してくれたのは、大学生（当時）でした。その後、愛称が定着していくことが活動の一つに加わりました。つまり、終わりではなくて、始まりです。

中村先生との出会い、漫画に登場したポップラ

ちょうどそのころ、中村良夫先生が設計された基町環境護岸が「土木学会デザイン賞特別賞」を受賞しました。一九七九年に護岸工事が始まり、完成したのが一九八三年です。二〇年を超えて、二〇〇三年に受賞したことと、市民が護岸に愛称をつけたことは偶然かもしれませんが、ご縁が重なりました。私たちはポップラの生い立ちを調べていたので、先生のデザイン意図から、河岸緑地にすっくと立つ１本のポプラの木の謎が解けました。

ポップラは戦後、河岸緑地にバラックがひしめく中で、隣家との間に垣根代わりに植えられたということが分かりました。原爆投下後、「七五年間、草木も生えない」と言われましたが、実際は供木運動でたくさんの木が寄せられ、行政も緑の再生に取り組みました。そんな中でポプラは成長の早い木として、積極的に育てられました。苗圃でポプラの苗木を育て、一九五三（昭和二八）年から一九六〇（昭和三五）年に、毎年二〇〇〇本程度のポプラの木を基町地区に配布したという記録がみつかりました。昭和の時代には、小学校のグラウンドや並木道にポプラの木は当たり前のように植えられていました。いまでは強風に倒れたり、伐採されたりして数少なくなってしまいました。中村先生に見せていただいた当時の写真にも、

ポプラと思われる木がたくさん写っていました。私たちは「樹高二六メートルの空から、ヒロシマの復興を見続けてきた水辺の1本ポップラ」と表現するようになりました。（表紙「こうの史代氏の初代ポップラの絵」を参照）

戦後、懸命に生きた人々の生活の様子は、漫画家こうの史代さんが『夕凪の街 桜の国』（双葉社、二〇〇四年）の中で優しい筆のタッチで描いておられ、その後、作品が映画（佐々部清監督、二〇〇七年七月公開）にもなりました。映画化を応援したことから、ロケ地となった基町ポップラ通りでも上映会を開催することができました。（初の野外上映会秘話は西﨑智子氏の寄稿を参照）

こうの史代さんの漫画や映画作品を通して、「基町ポップラ通り」や「ポップラ」が人々の口の端に上るようになりました。

二〇〇八年に発表された『この世界の片隅に』（こうの史代、双葉社）は、原爆に至る戦時下の広島と呉を描いた漫画で、二〇一六年一一月に片渕須直監督によってアニメーション映画になりました。もちろん、基町ポップラ通りの野外上映会（二〇一八年八月）で上映しました。

二〇一九年秋、彼岸花も参加した身長測定。三代目ポップラの身長は約一〇メートル五〇センチ。

伝えたい「ポップラ・ストーリー」

一九四五年八月六日、一瞬にして焼き尽された町は、鎮魂の祈りを捧げ平和を創る町へと生まれ変わりました。新しい元号（令和）に変わった二〇一九年、あの夏の日は七四年前の出来事となりました。

先日、NHKのテレビ番組を見ていると、お花見でにぎわう基町ポップラ通りで、記者さんが「被爆後、ここにバラックが立ち並んでいたことをご存じですか？」とマイクを向けると、若者グループは「えー？　マジー?!」「それは都市伝説だ！」と。

お花見客のあっけらかんとした歓声に驚愕しました。しかしこれは私たちの世代の課題だと思い直しています。

中村先生はおっしゃいました。「景観は長い時間をかけて育てるものです。二〇年くらい経たないと、その良さは分からないでしょう」。さらに、「都市デザインは過去に生きた人、現代の人、未来の人、それぞれが三分の一の発言権を持つというぐらいでちょうどよいのかもしれません」。

私たちは三分の一の責任を果たさなくてはいけません。

分かりやすい例で、よいマンション物件は1に立地、2に設計・施工、3に管理と聞きますが、これに倣うと河岸緑地（基町ポップラ通り）が立地、中村先生のデザインは設計・施工に当たります。そして私たちがお手伝いできるのは管理で、愛着を持って大切にしていくことです。

ヒロシマの復興を見てきたポップラは二〇〇四年の台風の強風に倒れてしまい、二〇一一年二月、土にかえりヤングポップラへ世代交代しました。現在、その3代目が新緑の葉をしなやかに伸ばしながら、先代に教わったとおり堂々と「水辺の1本ポップラ」を引き継いでいます。私たちはさまざまな記憶を持つポップラ、そして基町ポップラ通りをこれからも見守っていきたいと思います。ポップラ・ストーリーは続きます。

【寄稿6】

日本一の護岸に集う

北村　浩司（中国新聞社常務取締役）

毎年、春と秋に、太田川の河川敷の緑地、基町環境護岸に仲間が集まってくる。春は花見、秋は芋煮会と銘打っている。参加資格は特になし、ただし、1人何か1品、人に食べさせたい、飲ませたいと思うものを持ってくる。ルールは楽しく飲み食い語り合うことだけ。各自が持参したタープを張り、テーブルや椅子をセットし、七輪やコンロを持参する仲間も多く、食べ物を好きなように煮たり焼いたりもできる。最初は二〇人くらいで始めたが、二〇年近く続けていると友が友を呼び、参加者は増え続けている。

護岸はなだらかな傾斜の広い洪水敷に芝生が広がり、戦後間もないころからあったと言われるポプラの子孫も枝を広げ、土手には見事なソメイヨシノの木々も並んでいる。芝生に寝っ転がると空はどこまでも高く、ゆるやかに蛇行する川面ではカヌーを楽しむ人たちもいたりして、ここが百万都市の中心部だとはとても思えないほど気持のいい空間である。何よりありがたいのは、芝生に注意しさえすれば火が使えること。炭火で食材を焼くととてもおいしいし、今や自然の炎に触れられる貴重な機会でもある。毎回、こんな素晴らしい空間を作ってくださった先人たちに感謝しないではいられない。

いい大人の私が川で遊ぶことに熱中するようになったのは、岡山での記者としての経験があったからだ。岡山に百間川という川がある。ここは岡山の城下町を洪水から守るために、岡山藩の家老、津田永忠が整備したと言われる旭川の人工放水路である。人工物とは言え、古い時代のものだから、そこを住みかとする貴重な動植物も少なくないし、石組みの荒手と呼ばれる越流堤も残っていて、川全体が文化遺産でもあり、自然遺産でもある。

しかし、一九八〇年代後半、この百間川の河川敷に、県や市が主導してゴルフ場を整備する計画が持ち上がり、近くに住む何人かの主婦が、まったくの手探りで反対の署名活動を始めた。私はたまたま岡山市政の担当をしていたのだが、当時の岡山県知事は「誰も入らないような河川敷だから整備するのだ」とコメントして反対運動を牽制した。

この言葉に私は正直言って痛いところを突かれたなと思った。豊かな川を目の前にしながら、多くの市民はそれに背を向けて暮らしているのではないか。子どものころ、釣りをしたり泳いだりして川でさんざん遊んだ経験を持つ私自身、子どもを持つ立場になったのに、川に連れて行ったことすらなかった。取材者として署名活動に加わるわけにはいかないが、川で遊ぶことならできる。プライベートの時間を利用して、仲間を誘って家族ぐるみでキャンプをしたり、野鳥や植物を観察する活動を始め、河川敷で野外映画を上映するイベントまで開いた。ちょうど多自然型の川づくりということが言われ始めたことも追い風になり、ゴルフ場計画は撤回され、住民の意見を取り入れて、古い遺跡を残したり貴重な自然を生かしつつ多くの人が川に触れられる整備の方向が定まった。

それからというもの、転勤で広島に戻った後も、川とのつながりは続いている。基町環境護岸のシンボルである初代のポプラが二〇〇四年の台風18号で倒れたときには、私自身が加盟している森林ボランティアグループの一員として、何とか倒れた木を蘇らせることはできないかと作業に当たった。この護岸でも野外映画上映会のお手伝いをしている。活動を通じて、この護岸への思いがより深まったのは間違いない。

今年の芋煮会は過去最高の一六〇人が集った。最初、「広島県有数の芋煮会」と勝手に名乗っていたが、だんだん大胆になり、「西日本最大級」、ついには「西日本最大の芋煮会」と銘打つようになった。ただ、まだ本家山形市の芋煮会にはかなわないようだ。でも、私たちは確信している。ここは間違いなく日本一素晴らしい護岸であると。

【寄稿7】

映画と街と人と

西﨑　智子（広島フィルム・コミッション）

水辺の美しい街、広島

映画撮影の誘致・支援を行うフィルム・コミッションが二〇〇二（平成一四）年一二月に広島に設立されました。映像制作者に向けて広島を売り込むには――。街を見渡せばユニークなのが新旧さまざまな橋に彩られ市街地を流れる六本の川。そこで、広島の魅力は水辺にあり、とパンフレットのキャッチコピーを〝数々の物語をここに。「水の都ひろしま」〟とし、現在のポップラ通りも含め水辺をロケ地として積極的に提案してきました。初めて現在のポップラ通りで撮影されたのは、映画「カスタムメイド10・30」（監督：ANIKI）で、木村カエラさんが気持ちよさそうに寝転がるシーンでした。残念ながらスタッフが下見で絶賛した川辺のポプラの木は撮影の時には台風で倒れていたのですが……。

映画「夕凪の街　桜の国」の撮影と水辺の仲間との出会い

二〇〇六年、広島出身のこうの史代さん原作の「夕凪の街　桜の国」が映画化されることとなり、佐々部清監督率いる撮影スタッフが広島にお越しになるようになりました。この作品には、ポップラ通りが原爆スラムと呼ばれていたころの川辺も描かれており、そのロケセットを建てるための資料、当時の人々の暮らしから原爆、原爆症についてなど質問は多岐にわたり、私はリサーチに明け暮れていました。質問の一つに「ポプラの少し南に立つ木の名前といつごろ植えられたものなのか」がありました。私は、この場所で活動する「川通り活用委員会」を見つけ問合せたところ、「ニセアカシアですね」。現ポップラ・ペアレンツ・クラブ（PPC）代表の隆杉さんからていねいな回答をいただき「ニセアカシアは意図的に残したもの。当時、洪水敷の木は好ましくないとされたが、以前からあるものは仕方がないという考えで残して貰った。原爆スラムの中に自生していた木。戦後の悲劇の記憶を保っているといえるのではないか。」と、設計者の中村先生からの回答も添えられていました。

撮影や作品を街のために活用し、地元と繋ぎたい——そんな想いで撮影をサポートしています。このメールからは、映画と街と人が時間軸をも越えてつながってゆく、私の想いがそのまま形になったような感覚を受け、〝重要〟と題したフォルダーに入れて保存してきました。今回あらためて読み返す機会をいただき喜んでいます。映画「夕凪の街　桜の国」のポップラ通りでの撮影が決まると、PPCは炎天下の草刈りに加え、ボランティアスタッフやエキストラとしても撮影に協力してくださいました。スクリーンに刻まれた最高に気持ちのいいロケーションは、市民の皆さんの手で作られたのです。

日本初、川辺の特別試写（映画公開前）の実現へ

撮影していただいた映画は上映も全力応援したい——PPCはこんな思いを共有してくれる仲間にもなってくれました。映画応援を話し合う中で、川辺で上映会というアイデアが出ました。ロケ地でもある川辺で上映するなんて素敵！　ぜひとも実現したい、そしてPPCへの恩返しにもと考えたのですが、配給会社からの反応は「あり得ない」の一言でした。公開前の作品をオープンの場所で上映するなど前代未聞、盗撮も起こりうるし、広島の上映劇場からの承諾も必要……。東京での宣伝会議にも出席させていただきながら2カ月ほど交渉を続ける間、さまざまな分野の専門家の集まりであるPPCは盗撮対策に加え、経費の捻出や河岸の使用許可、会場レイアウトなど交渉に有利となる準備を進めてくれました。最終的には配給会社からOKを、そして上映劇場からも次々と「賛同します」との声をいただくことができました。

数々の難題を乗り越えて実現した、公開前の映画を川辺のオープンスペースで行う前代未聞の上映会には、予想もしなかった台風の襲来でスケジュールを変更するなど、さらなるドラマもありました。しかし、ニセアカシアの横に設置されたスク

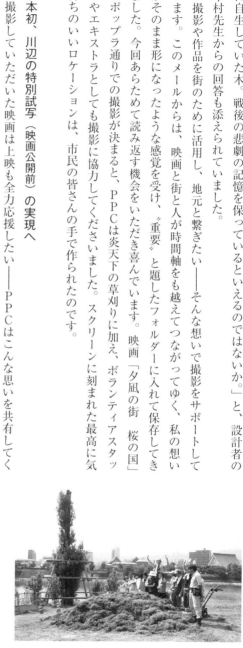

リーンいっぱいにそのニセアカシアが映し出されたときのなんとも不思議な感覚。「何色がいいの？」野外上映を意気に感じてくれた映画プロデューサーから届いたお揃いのスタッフTシャツ。野外上映会に駆けつけてくださった佐々部監督。３００名の皆さんとの川辺の映画体験……。この言葉にならない素敵な空間と時間が実現できたのは、広島の皆さんの奮闘あってこそでした。

広島の夏の風物詩となった、ポップラ劇場。広島ならではのぜいたくな体験を、次回はぜひご一緒に。

上映会写真

おわりに

北村　眞一

護岸整備から三〇年余が経過して、中村良夫先生からの年賀メールで、この企画を提案されたときに、これだけのメンバーがそろっている今こそ太田川の経験を次の世代へ引き渡せる機会はないと強く思うようになりました。中村先生と、河川の設計を継承した岡田さんと、太田川での市民の活動を研究した田中さんと北村が集まって企画を練り、ここに関係の方々の協力をいただいて、おかげさまで一冊の本にまとめることができました。基町護岸三〇年展を実施していただいたポップラ・ペアレンツ・クラブの隆杉さんと前田さんをはじめ市民の皆さん、継続的に連携している国土交通省太田川河川事務所と広島市の皆さん、そして中村研究室時代に、および卒業後も設計と河川研究に関わっていただいた皆さんに深く感謝します。

太田川と中村研究室の関わりは、昭和五一年（一九七六）に始まり平成を超えて令和元年（二〇一九）には約四〇年の節目を迎えます。今後も市民と事務所とともに歩んでければ幸いと思います。この四〇年で、基町では事務所と研究室（ＯＢ）が設計・施工し、そして造られた護岸を市民が「つかう」ことで新たな価値を創造していく良好な連鎖が生まれました。また本川や元安川や天満川でのテラスや護岸を中村研究室やＯＢが設計してきています。太田川市内派川全体では国・県・市の行政と市民の協働によって、「水の都整備構想」を基礎として、「水の都ひろしま」構想がつくられ、「つかう、つくる、つなぐ」という素晴らしい理念と目標そして二〇の方針へ発展しています。この素晴らしい構想にあえて希望を述べさせていただくならば、まず「つなぐ」には世代をつないで水の都をつくり育てるという考え方を加えてほしいと思います。都市と川の整備は何世代にもわたる長期的な事業です。また、河口部へ行きますと河岸緑地が途切れてしまいますので、「つくる」には、河口部の高潮堤防は、都市と一体に再開発することを望みたいです。隅田川では河口部での都市再開発と一体のスーパー堤防が成功しているように思えます。そして「つかう」には、堤防上でのオープンカフェやマーケットなどができていますが、基町護岸にカフェを造ることは中村先生の悲願です。原爆の体験は広島市にとっても人類にとっても忘れてはならないものですが、未来へ向けた文化の発信も期待したいものです。

基町護岸のポップラ（ポプラの樹）は、広島の街を川から見守っています。初代のポプラは、戦後に広島市が苗木を市民に配り緑化を進めたので、その時の苗木が育ったものか、それとも自然に綿毛が飛んで生えてきたのかは定かでありませんが、活着が良く成長が早い西洋のポプラはすくすくと育ちました。ポプラは根が浅く風に弱いため、初代は台風で倒れ、二代目は病死、三代目は平成二六年（二〇一四）に苗から育て、令和元年（二〇一九）には約９ｍの高さまで成長しています。今後も末長く命をつないで、市民とともに広島を見守ってほしいと思います。

土木の仕事は地図に残る仕事であると言われます。土木施設は規模が大きく長寿命であるからです。構造物の影響は良くも悪くも長期にわたります。設計にあたっては、長期的な視点と深い洞察、そして特に風土の気候も時代の価値観も変化するという歴史的観点が必要です。自然の河川は山を削り土砂を流し堆積し、草木が生え、昆虫や魚が棲み、また流されるということが繰り返されます。河川のなかの樹木は、強風時の倒木で堤防破壊の原因となる、流木は洪水を阻害するなどにより、あってはならないものとされてきました。しかしスイスやドイツの近自然工法が紹介され、自然との共存が見直され、ある時から「植樹基準」が変わり、洪水への影響の程度が小さいものは許されることになりました。近年は気候も温暖化傾向にあり、降雨も変化して、時間雨量が１００ミリを超えるようなゲリラ豪雨と呼ばれる集中豪雨による土砂災害や洪水被害が起きています。もしかするとまた植樹基準が変わるのかもしれません。大切なことは時代が変われば、川の自然の認識をより深めることで、川の自然を排除するのではなく、川の自然と共存できる技術を深化させたいものです。

おそらく太田川の護岸は、私たちの人生を超えて、何世代もの市民に親しまれる長寿命のものとなるでしょう。市民の皆様が水辺に集うお姿を見る歓びにすぎるものはありません。

思いますに、大学の研究は、先端的実証研究か、または、原理的基礎研究ですが、太田川プロジェクトは、その両面において、人文社会科学と工学の結婚を目指した社会工学という新領域を育てました。特に青雲の志を抱いた若い学徒に大きな希望と刺激をいただきました。また、市民が使うという観点から、広島の水辺を題材に研究を進めておられた熊本大学工学部風土計画研究室の田中尚人先生の参画を得られたことも幸いでした。ここにあらためてご関係の皆様に深く感謝申し上げます。

なお、本の出版にあたりましては、地元広島の出版社の溪水社にお願いし、快くお引き受けいただきました。社長の木村逸司様に心より感謝いたします。また編集作業にあたりましては、同社の木村斉子さんに大変お世話になり、感謝する次第です。

写真・図版・文献リスト

写真、図版類に関しては、広島市、国土交通省中国地方整備局ならびに同省太田川河川事務所に格別なるご高配を賜ることで、本文中での出典記載の簡略化を承諾いただき、出典記載の煩を免れさせていただいた。あらためて謝意を表するとともに、それらについては使用させていただいた資料名を示すにとどめさせていただく。

なお、本文中において出典について特段の注記のないものは、著者の撮影、作図および著者論文等からの転載のものである。

第1章

太田川水系流域図　太田川水系河川整備計画【国管理区間】、国土交通省中国地方整備局（２０１１）
芸州広島之図　寛政年間（１７８９―１８０１）山口県文書館蔵
広島全景図　文化年間（１８０４―１８１８）広島城蔵
江戸時代の治水対策　太田川水系河川整備計画【国管理区間】、国土交通省中国地方整備局（２０１１）
本川川ざらえ町中砂持加勢図（部分）　広島市立中央図書館蔵
河岸緑地計画図　今堀誠二監修　広島被爆40年史　都市の復興、広島市企画調整局文化担当（１９８５）
都市計画公園配置図（１９４６）戦災復興計画　今堀誠二監修　広島被爆40年史　都市の復興、広島市企画調整局文化担当（１９８５）
公園緑地計画図（１９５２）今堀誠二監修　広島被爆40年史　都市の復興、広島市企画調整局文化担当（１９８５）
浅地広　広島中央公園整備計画における明治百年事業について　公園緑地29巻2号（社）日本公園緑地協会発行（１９６９）

第2章

山本高義、水の都広島と太田川、河川（1977）
松浦茂樹、河川環境デザインの出発点　太田川基町環境整備のいきさつ、土木学会誌84巻12号（1999）
太田川水系河川整備計画【国管理区間】、国土交通省中国地方整備局（2011）
景観から見た太田川市内派川の調査研究、建設省太田川工事事務所（1977）
景観から見た太田川市内派川の調査研究Ⅱ、建設省太田川工事事務所（1978）
景観から見た太田川市内派川の調査研究Ⅲ、建設省太田川工事事務所（1979）

第3章

景観から見た太田川市内派川の調査研究Ⅲ、建設省太田川工事事務所（1979）
旧太田川（本川）基町環境護岸パンフレット、国土交通省太田川工事事務所
シビックデザイン・ワークショップ資料（1992）
多摩川兵庫島周辺地区環境護岸計画調査（野川右岸）報告書、建設省関東地方整備局京浜工事事務所（1984）
多摩川兵庫島周辺地区環境護岸計画調査（多摩川左岸）報告書、建設省関東地方整備局京浜工事事務所（1985）
河川景観計画マニュアル（案）——水の辺の空間づくり——、建設省九州地方建設局菊池川工事事務所（1982）

第4章

平和公園／原爆記念館丹下プラン
広島の都市美づくり——広島市都市美計画——、広島市（1981）
水の都整備構想、建設省／広島県／広島市（1990）
水の都整備構想パンフレット、建設省／広島県／広島市（1990）
第3回元安川護岸整備計画策定委員会資料（1995）
広島城跡堀川浄化事業パンフレット、建設省中国地方建設局／広島市（2002）

第5章

「水の都ひろしま」構想、建設省／広島県／広島市（2003）
「水の都ひろしま」構想パンフレット、国土交通省／広島県／広島市（2003）
太田川・小瀬川護岸修景設計外業務、建設省太田川工事事務所（2005）
広島市景観計画、広島市（2014）
大正時代の広島、広島市郷土資料館（2007）
夕凪の街桜の国、こうの史代、双葉社（2004）
太田川放水路のあゆみ～水と緑の平和都市・広島の礎～、国土交通省中国地方整備局太田川河川事務所（2018）
ひろしま地歴ウォーク、広島地理教育研究会編、レタープレス株式会社（2018）
高村学人、コモンズからの都市再生、ミネルヴァ書房（2012）

関連研究・論文リスト

河川の景観デザインおよびかわまちづくりに関する研究・論文は多数におよぶ。ここでは本書の太田川整備に関する関連研究・論文、著作に限ってリストを掲載する。なお、これらの一部は、第3章の（4）太田川から生まれたデザインの手法と理論、にも掲載したものである。

中村良夫：土木空間の造形、技報堂、1967
窪田陽一：河川空間の計画に関する基礎的研究、東京大学土木工学科卒業論文、1975
池田邦雄：河川景観の構成に関する基礎研究、東京工業大学社会工学科修士論文、1978
中村良夫、平田昌紀：河川景観のアクセス性の表現に関する研究、土木学会年次学術講演会講演概要集Ⅳ、1979
中村良夫、北村眞一：都市における河川景観計画に関する方法論的研究、第2回土木計画学研究発表会講演集、1980
中村良夫：都市の顔と川、建設月報、1980
中村良夫：河川景観計画の発想と方法、河川、1980
中村良夫、北村眞一、矢田努：地点識別に基づく都市景観イメージの解析方法に関する研究、土木学会論文報告集No.303、1980
北村眞一：河川景観デザインのために、グリーンエージ　No9、1981
平田昌紀、中村良夫：河川景観の象徴表現形式に関する研究、土木学会年次学術講演会講演概要集Ⅳ、1981
阿藤俊一、中村良夫：河川景観イメージの抽出方法、土木学会年次学術講演会講演概要集Ⅳ、1981
中村良夫：川に見る景観工学、自然、1981
北村眞一：河川における景観創造　――都市のイメージアップのために――、田園都市、1981
中村良夫：風景学入門、中公新書、1982

前田文章：都市中小河川の空間設計に関する基礎的研究、東京工業大学社会工学科卒業論文、１９８４
中村良夫：設計思想としての風景　――都市の水辺を想いながら――、公園緑地　45巻1号、１９８４
小野寺康：河川空間の設計手法に関する研究、東京工業大学社会工学科卒業論文、１９８５
北村眞一、岡田一天：河川の景観設計、土木技術　40巻4号、１９８５
前田文章：人の行動に着目した河川空間計画に関する研究、東京工業大学社会工学科修士論文、１９８６
篠原修、武田裕、伊藤登、岡田一天：河川微地形の形態的特徴とその河川景観設計への適用、土木計画学研究・論文集No.4、１９８６
岡田一天：河川景観の計画と設計、都市問題研究　第39巻第1号、１９８７
小野寺康：日本の都市空間生成における「付け」の構造に関する研究、東京工業大学社会工学科修士論文、１９８７
中村良夫、岡田一天、吉村美毅：河川空間における人の動きのパターンの分析とその河川景観設計への適用、土木計画学研究・論文集　No.5、１９８７
北村眞一：都市と河川の一体整備について、建設月報、１９８８
岡田一天：シビックデザイン各論　護岸・堰・水制工、土木学会誌　73巻、１９８８
中村良夫、北村眞一：河川景観の研究および設計、土木学会論文集　第３９９号Ⅱ―10、１９８８
土木学会編：水辺の景観設計、技報堂出版、１９８８
中村良夫：水辺の虚実　――水と親しむ景観を神話からとりもどすために――、東京人　No.21、１９８９
岡田一天：河景様式と景観設計、河川、１９９０
小川敏治、桜井慎一：川の文化をつたえたい――広島「水の都整備構想」が目指すもの――、土木学会誌76巻12号、１９９１
中村良夫：遣り水文化の日本、River Front Vol.30, 1997
国土交通省河川局：「河川景観の形成と保全の考え方」、同参考資料、２００６
山田圭二郎：「間」と景観――敷地から考える都市デザイン、技報堂出版、２００８
岩田圭佑、田中尚人、馬場啓維：川まちづくりにおける地域社会の協働過程に関する研究、土木計画学研究・講演集43巻、２０１１
中村康佑・田中尚人・岩田圭佑：楠木の大雁木にみる土木遺産としての価値に関する研究、土木史研究講演集Vol.33、２０１３

山﨑　学：市民による広島の水辺活用、土木学会誌99巻12号、２０１４

田中尚人、中村康祐：広島の川まちづくりを支える土木遺産の価値構造に関する研究、土木史研究講演集Vol.34、２０１４

田中尚人：人びとが集い、思いをつなぐ、水の都ひろしまの水辺、土木学会誌１０１巻10号、２０１６

市川尚記：事業内容及び利用者数から見た広島の水辺のオープン化の取り組み効果に関する考察、日本都市計画学会　都市計画論文集Vol.53 No3、２０１８

関連年表

元号（西暦）		広島の水辺に関する出来事（事業・計画策定）	設計・計画思想、水辺の印象
昭和二〇年	一九四五	広島被爆、第二次世界大戦終戦	◇近世の江山一覧図にも、水辺の重要性は描かれていた。
昭和二一年	一九四六	戦災復興都市計画（公園・緑地・墓地）	戦災復興の際に、河岸沿いの緑地を活かして約30㎞に渡る緑地公園の整備計画を立てたことが重要。成立はしなかった。
昭和二四年	一九四九	広島平和記念都市建設法制定（八月） 広島平和記念公園設計競技丹下案が採択（八月）	当時の浜井信三市長を中心に特別立法誓願運動が起きる 緑地10％を目標に
昭和二七年	一九五二	**平和記念都市建設計画・公園緑地・墓地配置計画**	◇河岸に近づけるよう、水辺にけもの道を設けたり、河岸緑地に窪みを設けたり、実効性のある計画を策定し実現した。
昭和三〇年	一九五五	平和記念公園完成	
昭和三一年	一九五六	基町団地計画決定	
昭和三二年	一九五七	市民球場完成	
昭和三九年	一九六四		新河川法制定（第1条の目的に、「治水」に加え、「利水」が入る） ◇河岸の住宅の立ち退きが本格化しはじめた。
昭和四二年	一九六七	河岸緑地整備四カ年計画	◇橋梁部のアンダーパス（川沿いの遊歩道）は積極的に計画した。
昭和四三年	一九六八	**太田川放水路完成**	
昭和四九年	一九七四	太田川水系古川せせらぎ公園整備	
昭和五一年	一九七六	東工大中村良夫研究室と太田川河川工事事務所が接触	◇東工大中村研究室では、川とマチの関係が切れている（見えなくなっている）ことを憂慮し、公共空間のまとまりをイメージとして捉え直した。
昭和五二年	一九七七	第1回ひろしまフラワーフェスティバル開催	雑誌「河川」（河川協会編）に太田川工事事務所長山本高義氏寄稿（二月）
昭和五三年	一九七八	**広島市河岸緑地整備基本計画**	河岸緑地の不法占拠解消
昭和五四年	一九七九	旧太田川基町地区相生橋上流区間着工	約880m区間、全体工事費約四億四〇〇〇万円
昭和五五年	一九八〇	広島市都市美計画策定	『河川景観計画の発想と方法』中村良夫

昭和五六年	一九八一	高潮堤整備着手	
昭和五七年	一九八二	「広島の都市美づくり—広島市都市美計画」出版（三月）	「河川景観計画マニュアル（案）（菊池川工事事務所）」策定
昭和五八年	一九八三	基町護岸完成	◇HOPE計画（HOusing with Proper Environment：地域住宅計画）の初期
昭和六一年	一九八六	元安川河岸テラス1号竣工	
昭和六二年	一九八七		ふるさとの川モデル事業／マイタウンマイリバー整備事業創設
昭和六三年	一九八八		『水辺の景観設計』（土木学会編）発刊
平成元年	一九八九	広島城跡堀川浄化事業 ▼イカダ下りカワニバル	
平成二年	一九九〇	**水の都整備構想**	多自然型川づくりの通達
平成三年	一九九一	元安川橋詰親水テラス竣工	太田川放水路に魚道を設置したり、アマゴ、ゲンジボタルの幼虫などを放流。 ◆市長交代：荒木市政→平岡市政（二月）
平成六年	一九九四	広島アジア大会開催、「一館一国」のおもてなし ▼太田川の自然と水を考える集い	◇中国地域づくり交流会など、水辺の「景観」という意識から「まちづくり」という意識へシフト。
平成七年	一九九五	阪神・淡路大震災	ボランティア活動が根付き「ボランティア元年」ともいわれる
平成八年	一九九六	▼カフェテラス倶楽部活動開始 元安川親水テラス（原爆ドーム対岸）竣工 基町区間相生橋アンダーパス着工（〜一九九八年完成） 原爆ドーム、ユネスコ世界文化遺産に	
平成九年	一九九七	▼元安川オープンカフェ社会実験	河川法改定（第1条の目的に、「治水」「利水」に加え、「環境」が入る） ◇水辺へのアクセスを確保するために、河川空間に公開空地の導入が可能かどうかの議論が高まる

平成十年	一九九八		
平成十一年	一九九九	水辺の公開空地第一号：ホテルＪＡＬシティ広島 ▼河岸の清掃活動	◇雁木は、水辺活用の俎上にはのっていたが、実際の活用には結びつかず。 ◇水上交通は、常に話題には上るが、いつも実施課題（財政、技術、維持管理）で難航 ◆市長交代：平岡市政→秋葉市政（一九九九・二）
平成一二年	二〇〇〇	▼太田川の水辺サロン	
平成一四年	二〇〇二	▼「水の都の再生」が内閣府都市再生プロジェクトに選定 「水の都ひろしま推進協議会」設置	◇構想策定中「ポート・ウォーク」社会実験を実施。基町、横川、北大橋の右岸、
平成一五年	二〇〇三	**「水の都ひろしま」構想・推進計画策定** ▼川通り命名プロジェクト	「つかう・つくる・つなぐ」が標榜された 駅前の４箇所に浮桟橋をつくり水上交通を運営。大好評。
		基町護岸が土木学会デザイン賞特別賞を受賞	
平成一六年	二〇〇四	▼ふれあいの水辺フェスティバル ＮＰＯ雁木組設立。雁木タクシー運行開始 ホテルＪＡＬシティ広島、ホテルフレックスが民間営業としてオープンカフェ実施 台風一八号により初代ポップラ倒壊（九月） ▼旧日銀にて太田川展と水辺ウォーク＆シンポジウム	景観法制定 ◇第３セクター運営のリバークルーズを、「アクアネット（株）」が瀬戸内海汽船の援助を受け営業するなど、水辺に活気があった。 雁木の現代的利用が復活。 『夕凪の街桜の国（こうの史代氏）』出版（映画化は二〇〇七年）
平成一七年	二〇〇五	京橋川オープンカフェ４店舗を開業 羽衣地区・河原地区の高潮堤整備	「河川占用の特例措置」を活用した新しい枠組みでの民間の商業営業が本格化
平成一八年	二〇〇六	ＰＰＣ（ポップラ・ペアレンツ・クラブ）活動開始	◇水辺における市民活動が新しい展開を見せた、

平成二〇年　二〇〇八	初代ポップラ枯れる	
平成二二年　二〇一〇	▼野外上映会開始	「かわまちづくり支援制度」創設
平成二三年　二〇一一	河岸緑地管理、広島市と新協定（国から市へ）　東日本大震災	水の都ひろしま協議会が景観部局から観光部局へ
平成二四年　二〇一二	2代目ポップラ枯れる（七月）	
平成二五年　二〇一三		広島雁木研究会、基町環境護岸ミニシンポジウム（三月）
平成二六年　二〇一四	「水の都ひろしま」推進計画（第一次）策定	広島雁木研究会、基町環境護岸ワークショップ&シンポジウム（三月）
平成二八年　二〇一六	熊本地震	
令和元年　二〇一九	「水の都ひろしま」推進計画（第二次）策定 ▼River Do!実施（SUPで広島の水辺一周など）	

【凡例】　▼市民中心の活動　◇水辺の印象

執筆者一覧

中村　良夫（なかむら　よしお）

一九三八年東京生まれ。東京大学助教授、東京工業大学教授、京都大学教授を歴任。現在、東京工業大学名誉教授。工学博士。鈴木忠義東京工業大学名誉教授の指導で景観工学を発足させ、海外への発信にもつとめる。著書に『風景学入門』（中公新書・サントリー学芸賞受賞）『土木空間の造形』（技報堂出版）『都市をつくる風景』（藤原書店・国際交通安全学会賞）『湿地転生の記』（岩波書店）など多数。そのほか、土木学会功績賞など。太田川基町護岸、羽田エスプラナード、広島西大橋など多数の土木構造物の計画と設計にも携わる。設計監修に携わった古河総合公園はユネスコの「メリナ・メルクーリ国際賞」を受賞。

北村　眞一（きたむら　しんいち）

一九五〇年生まれ。東京都出身。山梨大学名誉教授。工学博士。専門は景観工学・都市計画・地域計画。東京工業大学工学部社会工学科卒業。同大学社会工学専攻の博士課程在学中に広島市太田川の基町護岸の設計に携わる。その後宮が瀬ダムの及沢ビオトープの設計に関わる。近年は中国四川省成都市の景観指導を行う。共著書に『水辺の景観設計』（技報堂出版）、『環境工学公式・モデル・数値集』（土木学会）、『川は生きている――川の文化と科学』（ウエッジ）など。

岡田　一天（おかだ　かずたか）

一九五三年富山県生まれ。東京工業大学工学部社会工学科卒業、同大学院社会工学専攻修了。その後民間の計画・設計事務所で、多摩川兵庫島周辺地区（野川右岸・多摩川左岸）景観設計、横手川景観整備、津和野川景観整備など多くの河川景観整備に携わる。また、中筋川ダム、石井ダム、棒川排水樋門、北上川分流施設（脇谷水門・鴇浪波水門）など河川施設全般の景観設計を手掛ける。共著書に『水辺の景観設計』（技報堂出版）『都市の水辺をデザインする』（彰国社）『ダム空間のトータルデザイン』（山海堂）など。現在、景観計画工房主宰。

田中　尚人（たなか　なおと）

一九七一年京都府生まれ。京都大学工学部土木工学科卒業、同大学院環境地球工学専攻修了。京都大学大学院工学研究科助手、岐阜大学工学部講師、熊本大学大学院自然科学研究科准教授を経て、現在熊本大学熊本創生推進機構准教授。博士（工学）。専門は、土木史、景観デザイン、都市地域計画。熊本県を中心に文化的景観保全、土木遺産の保存・活用、各地の景観まちづくりに携わる。共著書に『土木と景観　風景のためのデザインとマネジメント』（学芸出版社）、『風景のとらえ方・つくり方――九州実践編――』（共立出版）など。

都市を編集する川
── 広島・太田川のまちづくり ──

令和元年12月10日　発行

企画・構想　中村良夫

著　　者　北村眞一・岡田一天・田中尚人

発 行 所　株式会社溪水社
広島市中区小町1-4（〒730-0041）
電話082-246-7909　FAX082-246-7876
e-mail: info@keisui.co.jp
URL: www.keisui.co.jp

ISBN978-4-86327-498-3 C1051